Joachim Schult

Bootsreparaturen selbst gemacht

W0416581

Joachim Schult

Bootsreparaturen selbst gemacht

Kunststoffboote

Klasing & Co GmbH

Folgende von Joachim Schult im Delius Klasing Verlag erschienenen Bücher sind noch lieferbar:

Bootspflege selbst gemacht (Yacht-Bücherei Bd. 32)
Bootsreparaturen selbst gemacht – Kunststoffboote (Bd. 33)
So arbeitet das Segel (Bd. 39)
Segeltechnik leicht gemacht (Bd. 40)
Richtig ankern (Bd. 41)
Segler-Lexikon (Bd. 59)
Notfälle an Bord – was tun? (Bd. 72)
Festkommen und Abbringen – Stranden und Bergen (Bd. 96)
Segler-Wörterbuch Deutsch – Englisch – Französisch (Bd. 103)
Das ist Segeln (Schult/Creagh-Osborne)
Bootsurlaub im Mittelmeer
Yachtpiraten – Kriminalfälle auf See
Mayday – Yachten in Seenot
Erstleistungen deutscher Segler

Die Deutsche Bibliothek – CIP-Einheitsaufnahme

Schult, Joachim:
Bootsreparaturen selbst gemacht: Kunststoffboote / Joachim Schult. – 9. Aufl.–
Bielefeld: Klasing, 1994
(Yacht-Bücherei; Bd. 33)
ISBN 3-87412-132-1
NE: GT

9. Auflage
ISBN 3-87412-132-1

© Copyright by Klasing & Co. GmbH, Bielefeld
Umschlaggestaltung: Siegfried Berning
Druck: Kunst- und Werbedruck, Bad Oeynhausen
Printed in Germany 1994

Alle Rechte vorbehalten! Ohne ausdrückliche Erlaubnis des Verlages darf das Werk, auch nicht Teile daraus, weder reproduziert, übertragen noch kopiert werden, wie z. B. manuell oder mit Hilfe elektronischer und mechanischer Systeme einschließlich Fotokopieren, Bandaufzeichnung und Datenspeicherung.

Inhalt

Werkzeuge und Materialien ... 7

Qualitätsunterschiede bei Kunststoffbooten ... 9
Was ist Kunststoff? ... 10
Fehler in Bau und Konstruktion ... 12
Reparaturanfällig: Verbindungen und Versteifungen ... 13
Aussteifungen längs- und querschiffs ... 17

Vokabeln für die Kunststoff-Verarbeitung ... 21

Reparatur von Kunststoffbooten ... 40
Werkzeug ... 40
Material ... 44
Oberflächen-Reparatur: Haarriß im Gelcoat ... 48
Oberflächen-Reparatur der Außenhaut ... 50
Loch im Boot – beidseitig erreichbar ... 53
Riß in der Außenhaut – beidseitig erreichbar ... 60
Loch im Boot – nur einseitig erreichbar ... 60
Schäden an Kanten: Deck – Rumpf, Rumpf – Spiegel oder in der Kimm 73
Nachbilden größerer Bauteile nach einer Havarie ... 75
Abgerissene Beschläge ... 81

Beschichten mit Glasharz ... 89
Vorbehandlung des Untergrundes ... 89
Stahlboote oder -bauteile ... 90
Aluminiumboote oder -bauteile ... 90
Verzinkte Boote oder Bauteile ... 90
Kunststoffboote oder -bauteile ... 91
Holzboote oder -bauteile ... 91
Die Plombe im Holzboot ... 94

Arbeit mit flüssigen Schaumstoffen 99
Schaumstoff zur Bootspflege 99
...zur Sicherheit 100
...zur Wärme- und Schalldämpfung und zur Festigkeit 100
...für Ausrüstungsteile 101

Wir verschönern unser Boot 103
Verbesserung von Glasharz-Oberflächen 103
Imitierte Holzflächen 104
Imitiertes rutschfestes Stabdeck 105

Osmose 108
Ursachen 109
Reparaturmöglichkeiten 110
Einzelne Blasen 110
Teilerkrankung des Unterwasserschiffs 111
Wenn das Laminat bereits beschädigt ist 112

Neue Erfahrungen 115
Die Wahl der Aushärtungszeit 116
Anfertigung von Spachtelmassen aus verschiedenen Füllstoffen 118
Harzzusätze in Pulverform 119
Verstärkung von hochbelasteten oder ermüdeten Bauteilen 120
Dosieren und Mischen 121
Reparatur von Sandwich-Bauteilen 122
Reparaturen an GFK- und Bleikielen 125
Befestigung gelockerter oder ausgerissener Beschläge 128

Grundregeln für den Arbeitsschutz 134

Werkzeuge und Materialien

Beim Bootsbau aus glasfaserverstärktem Kunststoff, abgekürzt GFK oder in Kurzform Glasharz genannt, wird hauptsächlich Polyester als verstärkende Harzschicht zwischen den verschiedenen Glasfaser-Erzeugnissen benutzt. Wenn man naß in naß arbeitet, damit das Polyesterharz fortlaufend härten kann, wird ein aus vielen Laminaten bestehendes Bauteil mit üblichem zuverlässigem Verbund hergestellt, zum Beispiel ein Bootsrumpf. Zur Reparatur ist Polyesterharz jedoch weniger geeignet, weil es nur geringe Klebekraft hat und sich mit ausgehärteten Oberflächen chemisch nicht verbindet.

Epoxidharze haben demgegenüber qualitative Vorteile, aber ihre schwierigere Verarbeitung mußte dem Amateur-Bootsbauer lange Zeit Erschwernisse und Nachteile bereiten. In den letzten Jahren jedoch hat die Industrie für die Reparatur von Kunststoffbooten Produkte auf Epoxidharz-Basis entwickelt, die ganz besonders für die Bedingungen geschaffen sind, unter denen der Bootsbau-Amateur seine Freizeitarbeit ausführt.

Beschädigte Stellen erhalten durch die Reparatur jene gewünschte größere Festigkeit, die das zerstörte ursprüngliche Bauteil nicht besaß. Materialien auf Epoxidharz-Basis nehmen im Vergleich zu Polyesterharzen außerdem weniger Wasserdampf auf und halten dementsprechend Feuchtigkeit aus Laminaten wirkungsvoller fern.

Aber nicht nur Polyester und Epoxid, sondern auch Carbon- oder Kohlefasern, Zweikomponenten-Mischungen, Fasern, Quarzmehl oder Graphitpulver als Füller sowie Spachtelmassen und Pasten gehören zum Handwerkszeug des Bootseigners. Das Buch enthält Tips und Hinweise für den Umgang mit diesen Materialien und gibt dem Amateur-Bootsbauer Erläuterungen, wie auch komplizierte Arbeiten sorgfältig vorbereitet und schrittweise ausgeführt werden können.

Das Buch will aber nicht allein eine neutrale Reparaturanleitung für den Bootseigner sein, der kleinere Schäden an seinem Kunststoffboot selbst beseitigen möchte. Es will den Eigner eines Kunststoffbootes überhaupt mit den im Bootsbau benutzten Glasfaser-Kunststoffen vertrauter und ihm nicht zuletzt mehr Mut machen, sein Boot im Notfall wieder instand zu setzen, es aber auch schon vorher in Einzelteilen zu verstärken, zu verbessern oder zu verschönern. Daneben mag es ihn befähigen, beim Kauf eines neuen wie eines gebrauchten Bootes kritischer zu überprüfen, ob er sein Geld für gute Konstruktion und zukunftssichere Verarbeitung ausgibt oder ihm ein zwar preiswertes, nicht aber leistungsfähiges Fahrzeug offeriert wird.
Das Buch enthält auch eine ausführliche Anleitung zur Beseitigung von Osmose, der wohl häufigsten und größten Reparatur von Kunststoffbooten. Sie ist zwar umfangreich, aber man kann sie ebenfalls noch selbst machen.
Neue Materialien und leichtere Arbeitsmethoden, die in jüngster Zeit von Firmen entwickelt wurden, die sich auf die Reparatur von Kunststoffbooten spezialisiert haben, werden am Schluß des Buches ausführlich erläutert. Diese Tips zeigen dem Amateur-Bootsbauer gleichzeitig, wie und wo er sich im Fachhandel mit den Werkzeugen und Materialien eindecken kann, die ihm nicht nur die Arbeit erleichtern, sondern auch den langlebigen Erfolg seiner handwerklichen Bemühungen sichern.

Qualitätsunterschiede bei Kunststoffbooten

Im Holzbootsbau benutzte man für bestimmte Bauteile Hölzer unterschiedlicher Festigkeit zu unterschiedlichen Preisen: Ein Mahagoni-Rumpf zum Beispiel war mit einem Kiel aus Eiche und einem Teakdeck gebaut, Masten und Spieren waren aus Spruce. Es gab einen Planken- und einen Leistenbau, feste und eingebogene Spanten, eine Fülle von Qualitäts- und damit Preisunterschieden.

Im Kunststoff-Bootsbau kennt man nur „Kunststoff"-Boote. Nicht viele Eigner wissen vor dem Kauf eines Bootes, daß es auch hier ähnliche Qualitätsunterschiede gibt.
Bei einem Holzboot waren Qualitätsmerkmale oder Mängel offensichtlich. Mahagoni selbst gab es in vielen Sorten. Farbunterschiede konnte man genauso schnell erkennen wie die gut oder schlecht verfugten Plankengänge.
In eine Kunststoffwandung kann man nicht hineingucken. Man muß den Worten einer Werft oder eines Händlers glauben. Darum muß man vor dem Kauf des Bootes einige Fragen stellen, die auch für spätere Verschönerungen oder unvermeidbare Reparaturen von unschätzbarem Wert sind:

- Welche Rohstoffe wurden verwendet?
- Welche Verarbeitungsmethode wurde angewandt?
- Welche Bauweisen benutzte man für die verschiedenen Teile?

Aber auch die Antworten der Verkäufer kann man nur beurteilen, wenn man die Materie besser kennt.

Was ist Kunststoff?

Exakt müßte man von *Glasfaser-Kunststoff* sprechen, einem Verbundwerkstoff aus den beiden Komponenten Glasseide und Kunstharz. Wie beim Beton zur Erhöhung der Festigkeit Stahleinlagen benutzt werden, hat man zur Verstärkung von Kunstharzen bestimmte Arten von Glasfasern als günstigstes Material ausgewählt. Hierbei ist die Glasseide in der unterschiedlichen Form von Matten, Rovings und Geweben der Festigkeitsträger, während das Polyesterharz die Funktion eines Bindemittels übernimmt. Je höher dabei der Glasanteil, desto größer wird die Festigkeit.

Vor der Verarbeitung gibt man dem Kunstharz Härter und Beschleuniger mit genau bestimmten kleinen Anteilen zu. Es findet dann eine chemische Reaktion statt, die zur Aushärtung führt. Durch Tränkung der Glasseide mit Kunstharz entsteht ein Schichtstoff, den man Laminat nennt. Jede Wandung eines Bootes oder Bauteiles besteht aus mehreren Laminaten unterschiedlicher Glasseiden-Materialien und damit von unterschiedlichem Glasgehalt und unterschiedlicher Festigkeit.

Die Dicke einer so entstandenen Bootshaut und das spezifische Gewicht können hierbei annähernd gleich sein, die Eigenschaften jedoch (Zugfestigkeit, Druckfestigkeit, Biegefestigkeit) um ein vielfaches differieren. Äußerlich vollkommen gleiche Boote können qualitativ und vom Preis her also sehr unterschiedlich sein.

In erster Linie hängen die Festigkeitseigenschaften einer Bootsschale vom Glasgehalt des Laminates ab: Bei einem Laminat aus Polyesterharz und einer Glasseiden*matte* sind Zug- und Biegefestigkeit relativ gering; der Glasanteil beträgt 25–30 %. Ein Laminat aus Glasseiden*geweben* hat fast den doppelten Glasanteil (45–50 %) und die doppelten Festigkeitswerte. Bei Benutzung von *Rovings* erhält man einen dreifachen Glasanteil (60–70 %) und eine fast vierfache Festigkeit gegenüber dem Mattenlaminat.

Wie viele Laminate man benutzt, hängt von der Länge eines Bootes ab. Auch bei kleinen Booten verwendet man jedoch bei wenigen Laminaten

Abb. 1 Die Laminate eines Rumpfes erstrecken sich nicht einheitlich über den gesamten Bootskörper (A). Spezielle Bereiche, die besonders belastet werden, erhalten zusätzliche Schichten (B und C) von besonderer Festigkeit oder Webart, nicht nur im Bereich von Kiel und Steven, sondern auch über das gesamte Achterschiff (D) und das Vorschiff (E).

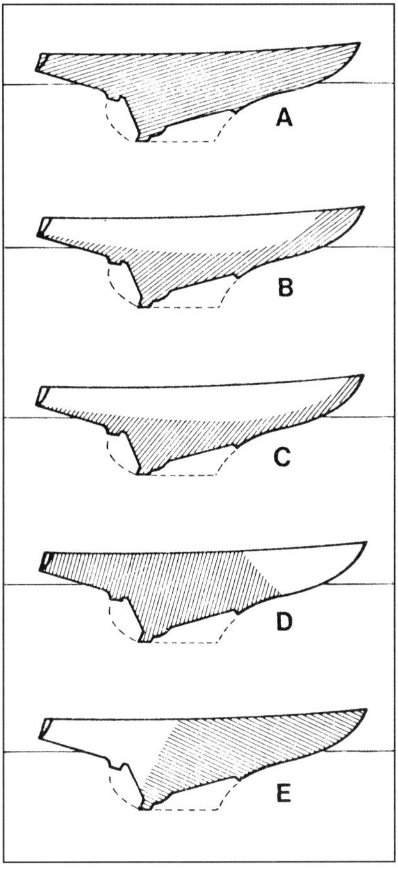

neben der Matte mindestens ein Gewebe, bei größeren Booten wechseln die Mattenlaminate mit Roving- und Gewebelaminaten ab. Um in bestimmten Bereichen besonders hohe mechanische Festigkeit bei niedrigem Gewicht zu erzielen, sind einige Gewebe nur an bestimmten Berei-

chen laminiert (Abb. 1): Zuerst wird der ganze Rumpf des kleinen Seekreuzers unter anderem aus einer Lage Gewebe und drei Lagen Matten laminiert (A). Dann folgen zwei Matten und Gewebe nur im Bereich von Kiel, Vor- und Achtersteven (B und C) und zum Schluß ein fester Roving in diagonaler Webrichtung zuerst mittschiffs und achtern (D), dann mittschiffs und vorn (E).
Der Eigner eines Bootes muß diesen Laminataufbau kennen – nicht nur, um die Preiswürdigkeit bei einem Neubau zu beurteilen, sondern auch, um bei einer Reparatur diesen (auch bei einer beschädigten Wandung nicht immer sichtbaren) Laminataufbau wieder richtig ersetzen zu können. Boote aus glasfaserverstärktem Kunststoff sind widerstandsfähiger als Holz- oder Stahlboote, aber sie sind nicht unverletzbar. Ihr Vorteil auch bei einer ernsthaften Beschädigung: Sie lassen sich leichter und einfacher reparieren. Der Bereich, den man ersetzen muß, die Materialien und auch die Arbeitszeit bleiben begrenzt.

Fehler in Bau und Konstruktion

Um zu wissen, wo ein Kunststoffboot reparaturanfällig sein kann und wie man den Schaden beheben müßte, erinnern wir uns der unterschiedlichen Verarbeitungsmethoden:
Das *Handauflegeverfahren* ist qualitativ hochwertige, aber lohnintensive Handwerksarbeit. Matten, Roving und Gewebe werden von Hand zugeschnitten, im gewünschten Wechsel in die Form gebracht und hier durch eine Rolle ebenfalls von Hand mit Harz getränkt und entlüftet.
Im *Faser-Harz-Spritzverfahren* gibt man wie Häcksel geschnittene Glasfasern mit dem Harz zusammen in die Bauform. Dabei spart man Arbeitszeit, aber ein gleichmäßiger Laminataufbau wie beim Handauflegeverfahren ist bei gleicher Wandstärke nicht zu erzielen. Auch wenn man dickere Wandungen wählt, bleibt die Festigkeit geringer. Boote, die nach diesem Verfahren gebaut sind, können billiger sein.
Sehr groß ist auch die Arbeitszeitersparnis beim *Kaltpreß-Verfahren,* nach dem insbesondere kleine Boote bis ca. 6 m Länge industriell gefer-

tigt werden können. Man legt einen aus Matten und Gewebe maßgeschneiderten „Anzug“ in die Form, läßt Polyesterharz dazufließen und verpreßt alles unter hohem Druck. Trotz geringer Arbeitszeit erhält man luftblasenfreie Laminate von hohem Glasgehalt und ausgezeichneter Oberfläche.
Für Decks- und Kajütaufbauten hat sich wegen des geringen Eigengewichts und der guten Isolation die *Sandwich-Bauweise* bewährt. Um die gleiche Festigkeit wie eine 5-mm-Wand aus massivem Glasfaser-Kunststoff zu erhalten, muß der Sandwich-Aufbau ca. 14 mm dick sein. Hiervon entfallen dann 75 % oder ca. 10 mm auf den inneren Kern (aus Papierkernwaben, Phenol-Preßmassen, Hartschäumen oder ähnlichem) und 25 % auf die beiden je 2 mm dicken Innen- und Außen-Deckschichten aus zwei bis drei Laminaten glasfaserverstärkten Kunststoffes. Eine Reparatur dieser qualitativ hochwertigen, aber nicht unbedingt teureren Verbundbauweise ist komplizierter.

Reparaturanfällig: Verbindungen und Versteifungen

Ein Boot besteht aus mehreren Bauteilen: Bootsschale, Deck, Kajütdach, Plicht, Luftkästen und ähnliche Einzelteile stellt man in getrennten Formen her und setzt sie anschließend zu einer Gesamtkonstruktion zusammen. Die günstigste Verbindung im Kunststoff-Bootsbau ist das Kleben, doch wird auch genietet oder geschraubt.
Sind die Bauteile nicht richtig verklebt (weil ihre Oberflächen beim Bau nicht hinreichend aufgerauht waren oder Feuchtigkeit von innen für ein Auflaminieren sorgte), müssen sie neu verbunden werden. Hierzu muß man die Konstruktion der Verbindung von Rumpf und Deck kennen, die oft durch Gummiprofile, Flachleisten oder ähnliche Beschläge nicht auf Anhieb sichtbar ist.
Auch hier kann die Art der Konstruktion gleichzeitig ein Qualitätsmerkmal sein: Einfach aufgesetzte Rumpf-Deck-Verbindungen, bei denen das Deck wie der Deckel eines Schuhkartons auf den Rumpf gesetzt wurde (Abb. 2), sind leicht zu bauen, aber halten nicht – auch wenn sie an der

Abb. 2 Das Deck überlappt die Außenhaut. Der Zwischenraum (A) ist verspachtelt. Für ausreichende Festigkeit sorgt nur eine innere Glasharzverbindung (B) zwischen Rumpf und Deck.

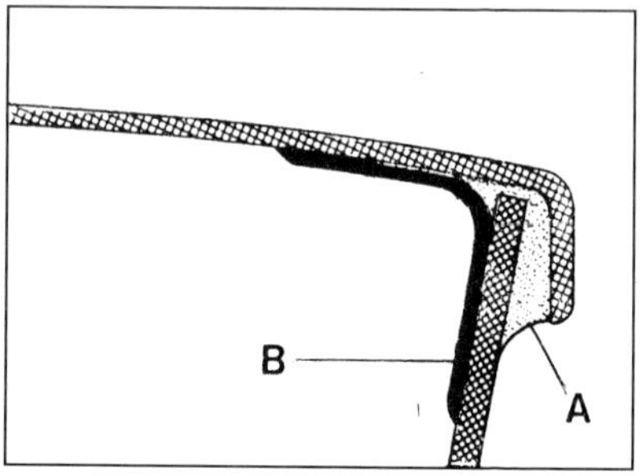

Abb. 3 Wird die Scheuerleiste (C) belastet, kann die Decksschale abknicken oder sich über die Rumpfschale nach innen schieben. Auch hier hilft nur ein zusätzliches Laminat (B) an der Innenseite oder eine Verschraubung beider Bauteile.

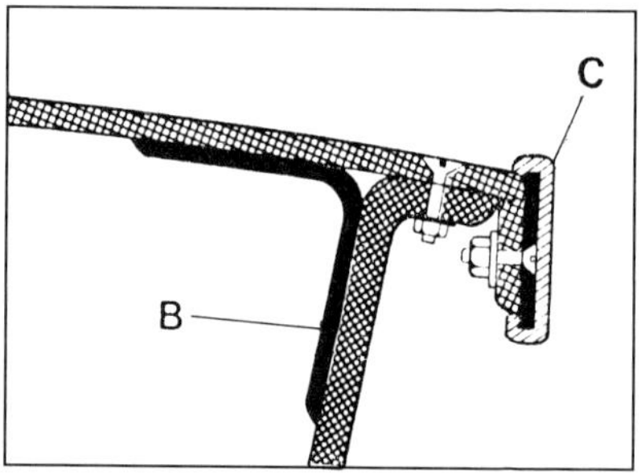

Verbindungsstelle (A) verspachtelt sind. Hier wird man über kurz oder lang Verstärkungen aufbringen müssen (B), die für eine dauerhafte Verbindung beider Schalen sorgen.

Das gleiche gilt für eine Verbindung der Decksschale mit dem Rumpf wie in Abb. 3: Ein dünnes Deck kann knicken, ein dickes stauchen, in jedem Falle wird bei der ständigen Schubbelastung, die von der Scheuerleiste (C) nur auf die Decksschale übertragen wird, die Kleberverbindung zwischen Rumpf und Deck brechen. Auch hier empfiehlt sich bald eine zusätzliche Rumpf-Deck-Verbindung an der Innenseite (B) oder eine zusätzliche Verschraubung außerhalb des Rumpfes.

Werkstoffgerechter und kaum reparaturanfällig sind Rumpf-Deck-Verbindungen wie in Abb. 4 bis 7: Die Scheuerleiste aus einem speziellen Gummiprofil überdeckt in Abb. 4 eine kunststoffgerechte Verbindung von

Abb. 4 Gute Verbindung von Rumpf und Deck und gleichzeitige Sicherung durch ein Gummiprofil, das fest aufgeklebt ist.

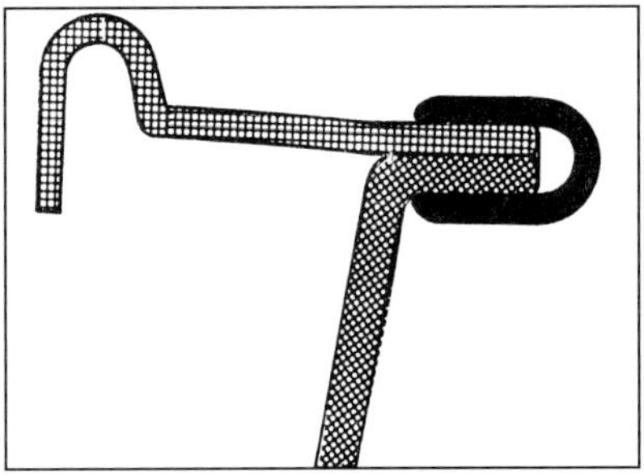

Abb. 5 Noch bessere Verbindung von Innen- und Außenschale. Hier federn praktisch zwei Profile die seitliche Belastung beim Anlegen ab, und ein Gummiprofil dichtet beide Kunststoff-Bauteile. Das Schandeck ist als Hohlprofil ausgebildet (A).

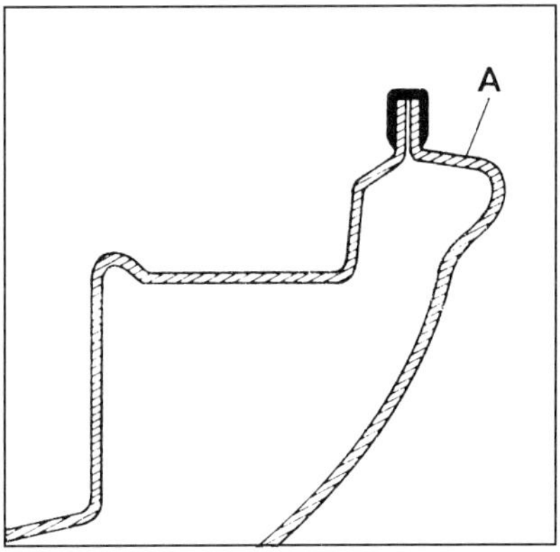

Abb. 6 Gute Verbindung von Rumpf und Deck bei einem größeren Boot. Das Deck (B) liegt auf einem Längsträger unter dem Schandeck, der fest einlaminiert ist (C). Die Rumpfschale (D) ist außerdem noch indirekt mit einem zusätzlichen Deckslaminat (A) verbunden.

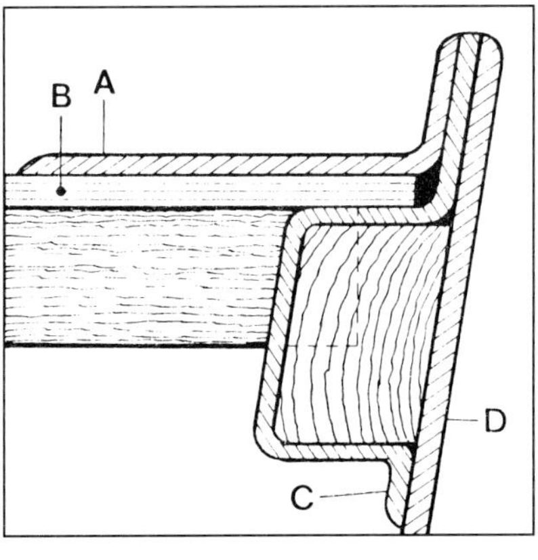

Abb. 7 Hier kommt der Seitendruck zuerst auf die Rumpfschale, die über die ganze Länge eingebörtelt ist. Ein Gummiprofil sorgt für einen sauberen Abschluß. Am besten befestigt man in seinem Hohlraum noch eine senkrechte Metallleiste, damit das Profil nicht angehoben werden kann, wenn eine andere Scheuerleiste unterfaßt.

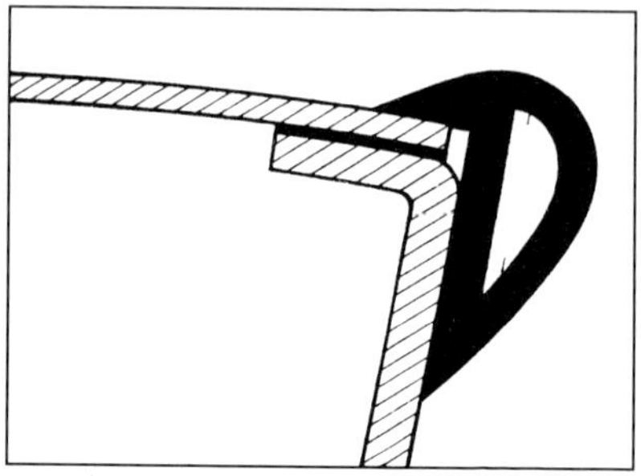

Abb. 8 Hier schließt das Gummiprofil die Verbindung zwischen Schale und Deck besser ab, doch ist auch jetzt eine Bandage aus Glasharz (B) empfehlenswert, die die Klebestelle verstärkt und wie ein Winkeleisen für zusätzliche Versteifung sorgt.

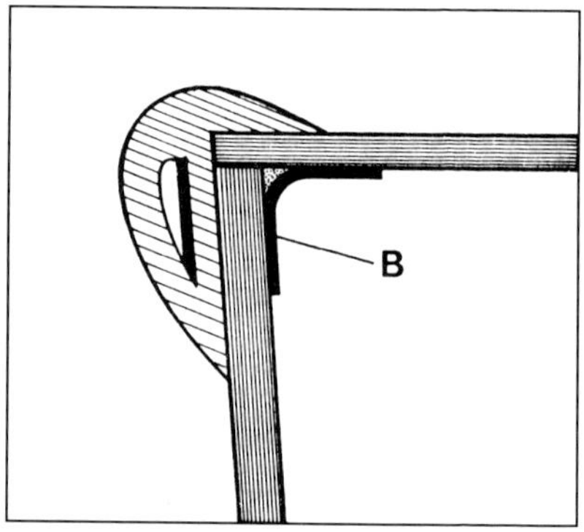

Rumpf und Decksschale. Zuerst schützt ein Luftpolster im Profil, dann überträgt sich ein Außendruck gleichmäßig auf Rumpf und Deck. Er wird doppelt aufgefangen und durch die Elastizität des Materials doch gut abgefedert.
Noch besser ist die Verbindung in Abb. 5, bei der Rumpf und Deck senkrecht miteinander verbunden sind. Bei einem Außendruck verstärkt sich praktisch noch die Verbindung von Außen- und Innenschale. Das Schandeck ist hier als Hohlprofil ausgebildet (A), weil die Innenschale gleichzeitig als Sitzbank modelliert ist. Bei einem Kajütboot kommt man auch mit einer glatten Außenhaut aus (Abb. 6), wenn das Deck waagerecht zur Rumpfschale verläuft.

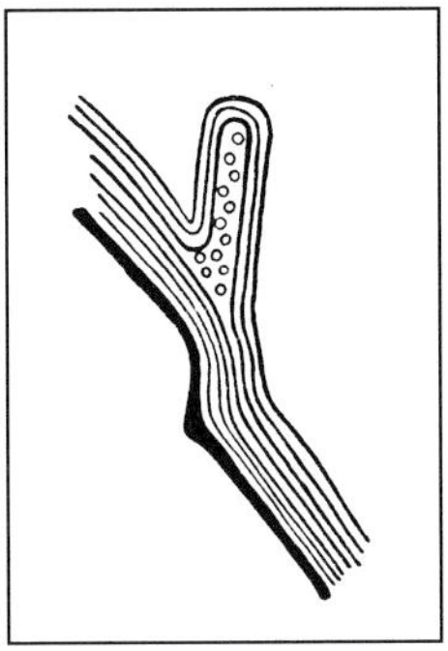

Abb. 9 Längsversteifungen können im Kunststoff-Bootsbau überall dort ohne Schwierigkeiten einlaminiert werden, wo eine erhöhte Belastung der Außenhaut auftritt, z. B. an den Längsstringern eines Motorbootes mit tiefem V-Spant.

Auch die Verbindung in Abb. 7 ist noch akzeptabel. Im Gegensatz zu Abb. 2 und 3 ist hier die Schale zur Verbindung mit dem Deck nach innen gebörtelt. Gleichzeitig sorgt ein aufgeklebtes Gummiprofil für einen sauberen Abschluß. Ein so gebautes Boot kann auch nicht unterhaken und damit das Deck vom Rumpf abbrechen.
Bei einer einfachen Stoßverbindung (Abb. 8) sorgt zwar das weit überlappende Gummiprofil für eine zusätzliche Sicherheit; auch hier wird man jedoch bald zwei Laminate aufbringen müssen (B), um Rumpf- und Decksschale dauerhaft miteinander zu verkleben.

Aussteifungen längs- und querschiffs

Kunststoffboote müssen elastisch konstruiert sein. Die speziellen Eigenschaften der glasfaserverstärkten Kunststoffe und vor allem der verhältnismäßig niedrige Elastizitätsmodul bei gleichzeitig sehr hoher Zug- und Druckfestigkeit verlangen eine Längsspanten-Bauweise anstelle der bei Holz-, Stahl- und Aluminiumbooten üblichen Querspanten-Bauart.
Bei Motorbooten bieten die Längsstringer in einem V-spantigen Stufenboden eine willkommene Gelegenheit, Längsversteifungen zu gewinnen (Abb. 9). Auch Deck, Aufbau und Einbauten können vorteilhaft mit in die tragende Konstruktion einbezogen werden.

Abb. 10 Längsversteifungen aus Profilen, die aus Pappe, Metall, Holz oder anderen Kunststoffen gefertigt sind und einlaminiert werden.

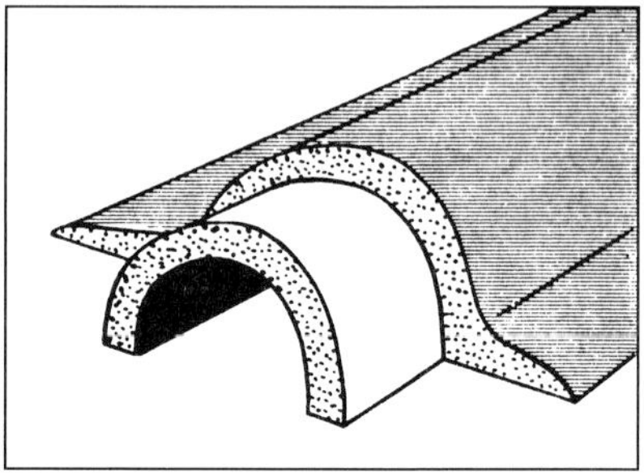

Abb. 11 Eine andere Form von Profilen, die als Versteifungselemente nicht nur aus unterschiedlichen Materialien, sondern auch in bestimmten Formen erhältlich sind.

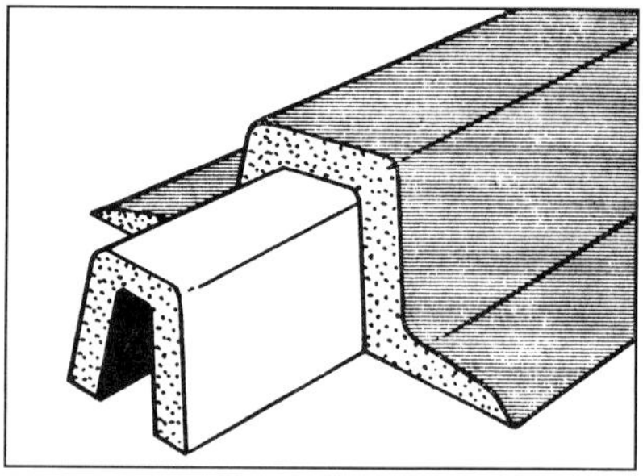

Bei glatten Böden oder hohen, glatten Außenwandungen achte man auf besondere Versteifungselemente in Längsschiffsrichtung, die aus einlaminierten Halbrohren aus Pappe oder Leichtmetall (Abb. 10), U-Profilen (Abb. 11) aus dem gleichen Material oder auch Holzleisten bestehen können, die in zwei bis drei Laminate eingebettet sind. Ist das Deck nicht trittfest, kann man diese Versteifungen auch selbst anbringen; im Rumpfbereich empfiehlt sich die Beseitigung störender Elastizität dann, wenn andernorts keine Bruchgefahr erzeugt wird.
Besondere Obacht erfordern einlaminierte Schotten und Querspanten aus Holz. Wird hier die Elastizität unterbrochen, kann die Außenhaut reißen oder brechen. Bei kleinen Booten muß die Schottwand mit einem angeformten Flansch versehen sein (Abb. 12 A), so daß die Kräfte über eine breitere Fläche eingeleitet werden.

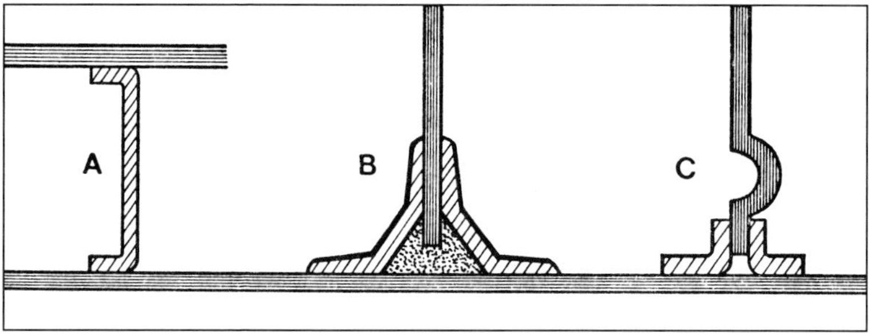

Abb. 12 Richtiger Einbau von Querschotten: durch beidseitige Flansche (A) leicht elastisch; ohne direkte Verbindung mit der Außenhaut (B) oder mit federnder Elastizität über eine Sicke (C).

Damit ein Querschott auf größeren Booten keine Einspannung schafft, läßt man es „atmen" (Abb. 12 B): Die Querwand endet einige Millimeter vor der Außenhaut in einem Hartschaum-Profil oder zwischen Gummi-Dreikantleisten oder -keilen. Von beiden Seiten ist dann eine Glasharz-Verbindung auflaminiert.

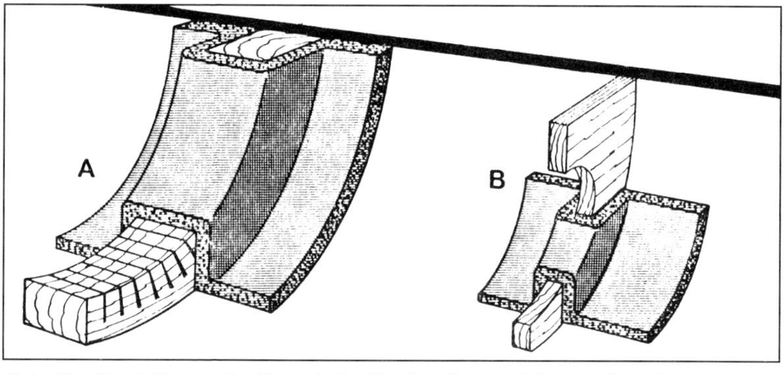

Abb. 13 Versteifungen im Bereich des Decks, die sowohl als Auflage für die Decksschale wie als Versteifungen der Außenhaut dienen: einlaminierte Papprohr-, Holz- oder Hartschaum-Profile (A) oder entsprechend zugeschnittene Sperrhölzer (B).

Besonders gut fängt man die federnde Elastizität durch eine (zusätzliche) Sicke (Abb. 12 C) auf, die in ausreichendem Abstand vom Rand in die Querwand eingelassen ist.
Diese oder ähnliche Verbindungen, die man selbst und noch nachträglich in sein Boot einbauen kann, können sich auch im Bereich des Decks (Abb. 13 A) oder zu dessen Halterung (Abb. 13 B) als notwendig erweisen. Hier kann man auch Holzteile einlaminieren, die man für den besonderen Zweck zugeschnitten hat.

Vokabeln für die Kunststoff-Verarbeitung

Jedes Handwerk hat seine Fachsprache – auch der Kunststoff-Bootsbau. Wer ein Kunststoffboot repariert, gehört praktisch mit zur Zunft der Bootsbauer. Er muß ihre Vokabeln beherrschen, vor allem, um die Tips dieses Buches zu verstehen.
Auch anderweitig kann diese Fachkenntnis von Nutzen sein: beim Einkauf der Materialien zum Beispiel, die man zur Reparatur benutzt – Matten und Gewebe, Härter und Beschleuniger, Polyester- und Epoxidharze.
Einen weiteren Nutzen dieses Fachwortschatzes sollte man nicht verkennen: Beim Kauf eines Kunststoffbootes vertraue man nicht nur dem äußeren Bild, den Gardinen an den Kajütfenstern und dem lockenden Farbprospekt. Man fühle dem Verkäufer mit einigen simplen Fragen auf den Zahn und streue einige der folgenden Begriffe ein. Nur wer exakte Fragen mit Fachverstand beantworten kann, erweist sich als seriöser Händler oder vertrauenswürdiger Handwerker. Wer die Antwort schuldig bleibt, aus wie vielen Laminaten zum Beispiel die Außenhaut gefertigt ist oder wieviel Matten-, Roving- und Gewebeschichten verwandt wurden, sollte samt seinen angepriesenen Erzeugnissen mit vorsichtiger Zurückhaltung behandelt werden.

Beschichten
Überziehen von älteren Booten aus verschiedenen Werkstoffen mit mehreren Schichten glasfaserverstärktem Kunststoff. Das Beschichten von Sperrholzbooten ist einfacher als das von Vollholzbooten, weil Sperrholz-

boote weitgehend formbeständig sind, während die Planken von Vollholzbooten noch stark arbeiten. Im allgemeinen verwendet man → *Polyesterharz.* Nur bei Stahl-Motoryachten, die starken Vibrationen durch ihre Motoren ausgesetzt sind, empfehlen sich → *Epoxidharz*-Beschichtungen. Sie werden besonders im Propellerbereich stark beansprucht. Wichtig ist ein guter Haftgrund. Holzboote sollten vor dem Beschichten ca. drei Monate zum Austrocknen an Land gelegen haben.

Beschleuniger
Sie dienen zur zeitgerechten Aushärtung bei den entsprechenden Raumtemperaturen. Zusatzmengen können Temperaturschwankungen ausgleichen oder verkürzen die → *Topfzeit.* Als Beschleuniger dienen Cobaltverbindungen (1 % Metallgehalt) oder Amine ohne Preisunterschiede. Beschleuniger muß mit → *Härter* (Katalysator) abgestimmt sein. Beide dürfen niemals zusammengegeben werden, da Explosionsgefahr besteht.

Doppelschalen-Bau
Bootsrumpf oder Rumpf- bzw. Decksschale aus zwei Formteilen, die auf- oder ineinander gesetzt sind. Man erkennt ihn an der glatten Oberfläche an der Innenseite des Rumpfes. Ein Doppelschalen-Bau ist aufwendiger als ein Einschalen-Bau. Das besondere Augenmerk gilt der Art der Verbindung und der Qualität der Versiegelung beider Schalen miteinander. Besteht der Rumpf aus mehreren Bauteilen (Decksschale, Rumpfschale), findet der Begriff „Doppelschalen-Bauweise" jeweils nur auf ein Bauteil Anwendung. Man spricht also nicht von „Vierschalen-Bau", wenn Rumpf und Deck aus je zwei Schalen gefertigt sind.

E-Glasseide
Verspinnbarer Rohstoff, der zu → *Glasseidensträngen (Roving), -matten* und *-gewebe* verarbeitet wird, mit einem garantierten Alkaligehalt unter 1 %. E-Glasseide quillt nicht. Die Faser nimmt praktisch kein Wasser auf. Bei 21°C und 65 % relativer Feuchtigkeit wird kein Wasser an der Oberfläche abgelagert, bei 95 % relativer Feuchtigkeit nur maximal 0,3 %.

Einfärben

Auftragen von Farbschichten auf einen Kunststoffrumpf. Das Einfärben erfolgt bereits während des Baus, aber ausgeblichene Farbüberzüge können vom Eigner neu eingefärbt werden. Zur Einfärbung von Kunstharzen hat die chemische Industrie auf das verwendete Kunstharz abgestimmte anorganische → *Pigmente* entwickelt, die in Pulver- und Pastenform geliefert werden.
Die Verarbeitung von Farbpasten, die man mit etwa gleich großer Harzmenge anteigt und anschließend der gesamten Harzmenge zusetzt, ist einfacher und für die Selbsthilfe empfehlenswert.
Der Farbstoff soll weitgehend licht- und wetterecht sein: Schwarz, Weiß, Blau und Grün sind hierbei Rot und Grau überlegen. Damit die Farbe richtig deckt, bringt man zuerst eine farbige Versiegelung aus → *Polyesterharz* mit 20 % Farbpaste auf den Rumpf, die mit einem Fellroller gut verteilt wird. Anschließend schleift man Staubkörnchen ab und lackiert mit einem Polyesterlack, dem 5 % Farbpaste beigemengt sind. Damit die Oberfläche einwandfrei aushärtet, muß eine kurze →*Topfzeit* eingestellt werden, d. h. das Gemisch aus Lack, Farbpaste und Härter muß innerhalb von ca. zehn Minuten mit dem Fellroller verarbeitet sein.

Einschalen-Bau

Bootskörper aus einer einzigen Rumpfschale, in die Duchten und Luftkästen als Einzelteile einlaminiert sind. Erkennungszeichen: Die Innenhaut ist nicht glatt wie die Außenhaut, sondern uneben, wie sie als Oberfläche nach dem → *Faserharz-Spritzverfahren* oder dem Laminieren der letzten → *Roving*- oder Gewebeschicht im → *Handauflegeverfahren* zurückbleibt.

Entformen

Hat man ein Bauteil in einer → *Form* gefertigt, muß es von dieser getrennt werden. Damit das Anlüften des äußeren Randes mit Werkzeug möglich ist, muß vor dem Baubeginn ein → *Trennlack* oder → *Trennwachs* in die Form gestrichen werden, bevor man die → *Feinschicht* aufzutragen beginnt.

Epoxidharz

Teurer, aber qualitativ besser als → *Polyesterharz.* Vorteile: höhere Festigkeitswerte, bessere Klebefähigkeit, geringere Volumensschrumpfung, bessere Alterungsbeständigkeit. Nachteile: längere Aushärtezeit, höherer Preis, schwierigere Verarbeitung. Reparaturtips für den Amateur am Schluß des Buches. Nachweislich mit Epoxidharzen gebaute Boote können qualitativ besser sein.

Farblackierung

Abschlußanstrich mit → *Einfärben* für versiegelte Laminate aus einem Polyesterlack, der mit Polyester-Farbpasten in verschiedenen Farbtönen eingefärbt ist. Verarbeitung nur bei Temperaturen über 18°C möglich. Muster einer Rezeptur für eine Fläche von 10 bis 15 m^2: 1 kg Polyesterlack, 50 g Farbpaste, 30 g MEK-Härter.

Farbversiegelung

Äußere abschließende Harzschicht, der zum → *Einfärben* 20 % Farbpaste und gegebenenfalls 1 bis 3 % Erosil-Pulver oder 10 bis 30 % Erosil-Paste zum Andicken des Harzes beigegeben sind, damit das flüssige Harz bei der Verarbeitung keine Tränen bildet.
Muster einer Rezeptur für eine Fläche von 10 bis 15 m^2: 2 kg Polyesterharz, 300 g Farbpaste, 60 g MEK-Härter (3 %), 40 g Erosil-Pulver (2 %). Beim Anrühren nimmt man zuerst die Farbpaste, dann den Härter und zum Schluß das Verdickungsmittel. Im Handel sind auch eingefärbte und für den speziellen Verwendungszweck geeignete Kunstharze.

Faserharz-Spritzverfahren

„Gehäckselte" Glasseide wird mit Kunstharz zusammen auf einen Formkörper gespritzt. In der Mitte des Spritzgerätes wird der Glasseidenstrang in kleine Teile geschnitten und vom Luftstrom auf die Form geworfen (Abb. 14). An jeder Seite liegen zwei Düsen, die jeweils die gleiche Menge von Harz und → *Katalysator (Härter)* auf der einen, Harz und → *Beschleuniger* auf der anderen Seite auf die gleiche Stelle der Form spritzen. Das Verfahren bedingt etwas höhere Investitionen (Kosten für

Abb. 14 Faserharz-Spritzverfahren: Zerschnittene Glasseide (Mitte) wird mit Polyesterharz aus den beiden seitlichen Düsen auf die Form gespritzt.

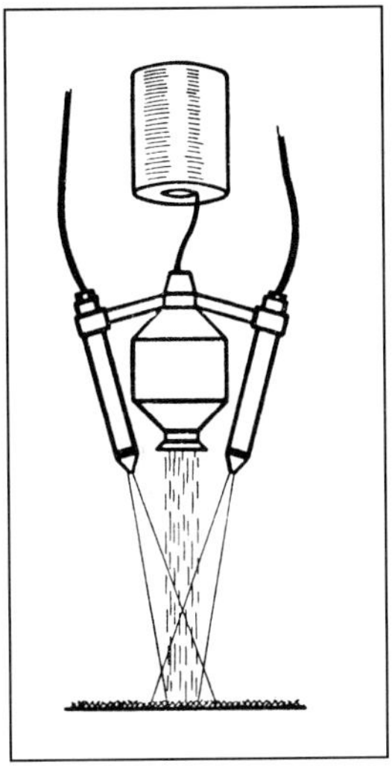

das Spritzgerät); es erreicht bei gleicher Schichtdicke nicht die gleiche Festigkeit wie das → *Handauflegeverfahren.*

Feinschicht

Die bei der Herstellung des Formteiles erste Schicht, die später die Außenschicht des Bootes bildet und durch ihr farbiges Finish nicht nur einen Maßstab für die Qualität der Verarbeitung darstellt, sondern auch durch ihre Elastizität die folgenden → *Laminatschichten* gegen Stoß, Wasser, Öl und andere Chemikalien schützen muß. → *Haarrisse* oder Quellflächen zeigen ebenso wie unterschiedliche Farbschattierung, daß die Feinschicht nur von geringer Qualität ist, die folgenden → *Laminate* nur ungenügend versiegelt sind und bald eine entsprechende Reparatur erforderlich sein wird.

Beim Bau eines Bootes muß die Feinschicht einige Stunden nach dem → *Trennlack* oder → *Trennwachs* aufgetragen werden, damit die Oberfläche staubfrei bleibt. Die nur ca. 0,5 mm dicke Feinschicht mußte einwandfrei ausgehärtet sein, ehe man die erste Lage Glasmatten aufbrachte. War sie nicht genügend vernetzt, konnte die Feinschicht zu viel Styrol vom nächsten Laminat aufsaugen und begann dadurch zu quellen. Hat man auf diese Feinschicht ein dünnes Gewebe (→ *Oberflächenmatte, Vlies)* aufgebracht, besteht die Quellgefahr nicht; im Serienbau macht man sich diese aufwendige Sicherung jedoch im allgemeinen nicht zunutze.

Finish

Der abschließende Arbeitsvorgang bei der Herstellung von → *GFK-Laminaten* durch Auftragen der letzten veredelnden Komponente. Oft bezeichnet man als Finish auch einen → *Polyester*lack-Auftrag auf fertige GFK-Teile.

Form

Schale oder Halbschale, in denen ein Kunststoffrumpf oder ein Bauteil laminiert wird. Bei Großserien besteht die Form aus Kunststoff, so daß alle Boote mit großer Paßgenauigkeit praktisch „über einen Leisten" gefertigt sind. Bei der Reparatur genügen zum Nachformen beschädigter Teile auch Formteile aus Blech, Gips, Holz oder anderen Materialien. Für den Selbstbau eines Bootes empfiehlt sich die Beschaffung einer Mietform aus → *GFK*. Nicht empfehlenswert ist, diese Form aus Hartfaserplatten oder anderen Materialien selbst zu bauen, da hierunter die Paßgenauigkeit und später die Fahreigenschaften des Bootes leiden.

Füllstoffe

Gehärtetes Harz ist transparent, das heißt durchsichtig, so daß man ohne Füllstoffe lichtspendende Lukendeckel oder Oberlichter laminieren kann. Durch Zusatz von Füllstoffen (Kreide, Talkum, Quarzmehl usw.) kann man die Fertigung verbilligen und die mechanischen Eigenschaften verbessern. Bis zu einem bestimmten Füllstoffgehalt des Harzes nehmen die Festigkeitswerte zu, doch fallen sie bei übertriebenem Füllstoffgehalt wieder ab. Der Füllstoffanteil kann vorteilhaft zwischen 20 und 30 % betragen. Ein höherer Prozentsatz ist nur an Teilen des Bootskörpers vertretbar, wo mit erhöhtem Verschleiß infolge Abriebs zu rechnen ist: An der Innenfläche eines Schwertkastens, am Kiel eines trailerbaren Bootes oder auch auf einer Deckfläche können dem Kunstharz daher vorteilhaft Silizium-Karbid oder ähnliche Füllstoffe beigegeben werden. Zur Verbesserung der Wärmeleitfähigkeit können auch Kupfer- und Aluminium-Pulver als Füllstoffe dienen. Bei kleinen Reparaturen kann man auf Füllstoffe verzichten.

Gelcoat
Äußere Harzschicht eines Bootes, die beim Bau zuerst in die → *Form* gestrichen wurde. Von dieser → *Feinschicht,* die die folgenden → *Laminate* gegen alle äußeren Einflüsse schützt, hängen der Wert des Bootes und seine Lebenserwartung in hohem Maße ab.

Gelzeit
Die Zeit, die ein Harzgemisch benötigt, um vom flüssigen in gelatinösen Zustand überzugehen. Sie ist die Zwischenstufe bei der sich vollziehenden → *Härtezeit.*

GFK
Gebräuchliche Abkürzung für glasfaserverstärkte Kunststoffe, wie sie im Bootsbau ausschließlich benutzt werden, im Gegensatz zu nicht armierten Kunststoffen, z. B. bei Haushaltsgefäßen, Eimern, Benzinkanistern und anderen Behältern. Je höher der Glasanteil am GFK, desto größer die Festigkeit, besser die Qualität und höher der Preis.

Glasfaser
Das Ausgangsprodukt von → *Glasseidenmatten, -rovings* und *-geweben*: zu dünnen Fäden ausgezogenes Glas von hoher Elastizität, großer Zugfestigkeit und geringer Dehnung. Im Bootsbau benutzt man verspinnbare Fasern (Glasseide), während z. B. im Bauwesen nicht verspinnbare Glasfasern (als Glaswolle, Glaswatte oder ähnliches) Verwendung fin-

den. Die Glasseide wird zu Matten, Rovings und Geweben weiterverarbeitet. Im Bootsbau benutzt man vorwiegend alkalifreie → *E-Glasseide*.

Glasseidengewebe
Wird Glasseide zu niedrig gedrehten (nicht verzwirnten!) Glasseidengarnen verarbeitet, kann man aus ihnen Gewebe fertigen, wie man sie auch aus Leinen (Bett- und Tischwäsche) oder Wollstoffen (für Anzüge und Mäntel) verarbeitet. Es gibt verschiedene Bindungen, bei denen man eine besondere Festigkeit in Kett- oder Schußrichtung, das heißt in Quer- oder Längsrichtung erzielt. Glasseidengewebe sind dünner und dabei qualitativ hochwertiger als Glasmatten, aber auch teurer. Sie finden vorwiegend Verwendung, wo es auf geringes Gewicht bei hoher Festigkeit (Rennjollen, schnelle Motorboote) ankommt, und sollten in einer Außenhaut aus mehreren Laminaten mindestens einmal vertreten sein.

Glasseidenmatten
Netzförmig oder regellos geschichtete Glasseidenfäden bestimmter Länge, die entweder chemisch oder mechanisch zu Glasseidenmatten unterschiedlicher Dicke gebunden sind. Ein → *Matten-Laminat* hat annähernd gleiche Festigkeit in allen Richtungen. Im Massiv-Kunststoff benutzt man die chemisch gebundene Matte (z. B. die „Standardmatte" mit einem Gewicht von 400 bis 450 g pro m^2, alkalifrei), in der → *Verbundbauweise* oder → *Sandwich-Konstruktion* die mechanisch gebundene *Steppmatte*.

Haarrisse
Optisch wenig auffallende, aber folgenschwere Beschädigung des Kunststoff-Fertigteiles. Ursache: zu dünne → *Feinschicht*, zu frühes Auftragen des ersten → *Laminates*, zu geringe Festigkeit der gesamten Wandstärke. Folge: Wasser, Öl oder Chemikalien können in die unteren, ungeschützten Laminatschichten eindringen und die Außenhaut von innen aufweichen. Haarrisse sind Qualitätsmängel (Abb. 15–18) und erfordern die umgehende Reparatur.

Abb. 15 Einfacher Haarriß. Ursache: Die Feinschicht kann zu dünn sein, die ganze Wandung nicht ausreichende Festigkeit haben, das erste Laminat zu früh aufgetragen sein.

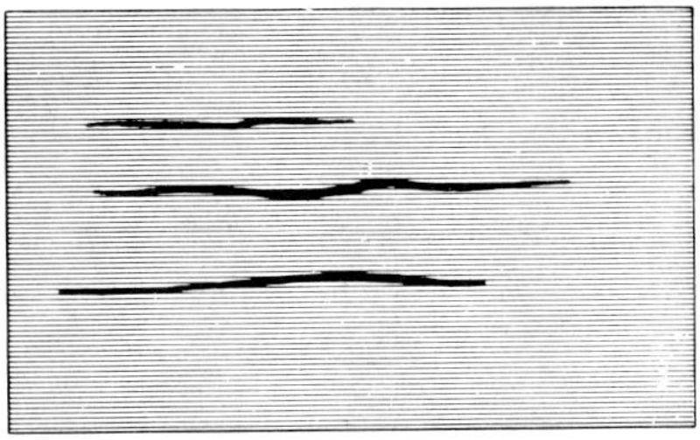

Abb. 16 Sternbrüche: Haarrisse laufen sternförmig von einem gemeinsamen Mittelpunkt in die umliegenden Laminat-Bereiche hinein. Kennzeichen schlechter Verarbeitung und schwerer Verarbeitungsfehler: Luftblasen sind in das Laminat eingeschlossen, nicht nur die äußere Feinschicht ist angegriffen. Man muß befürchten, daß sich die Sternbrüche weiter ausdehnen und neue an deren Stellen auftreten. Die Reparatur ist schwierig.

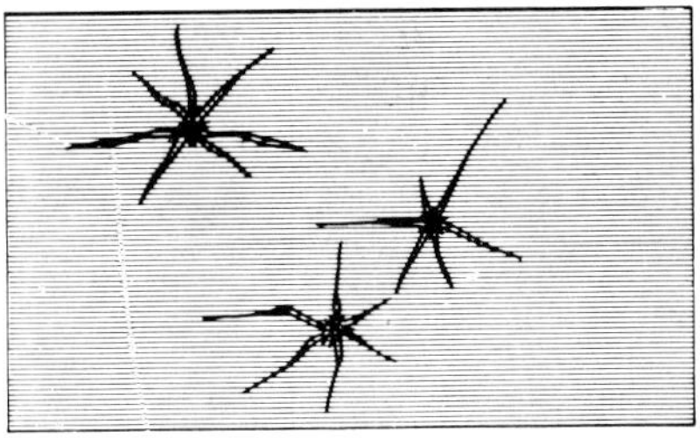

Abb. 17 Geschlossene Bruchfläche: Die Oberschicht ist über einen weiten Bereich mit langen, miteinander verbundenen Haarrissen in Längs- und Querrichtung überdeckt. Ursache: zu dünnes, zu steifes Harz, zu viele Füllstoffe oder ähnliches.

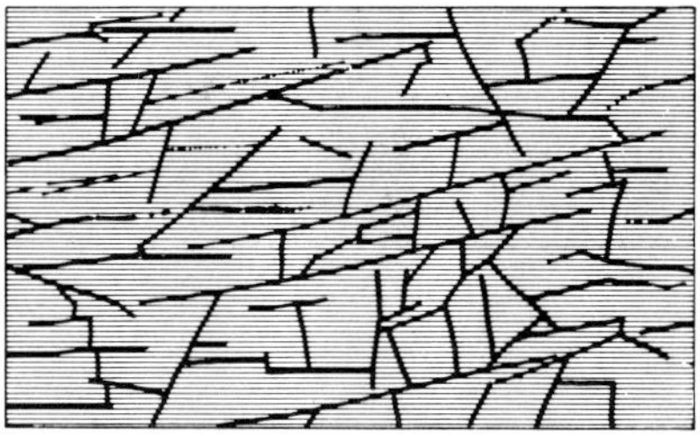

Abb. 18 Runzlige Außenhaut, auch „Elefantenhaut“ genannt: Man kann flache, aber breite Rillen in einem weiten Bereich der Glasharz-Oberfläche fühlen. Die Außenschicht ist eingebrochen oder geschrumpft. Ursache: Das Bauteil wurde in zu kalten oder zu nassen Räumen verarbeitet. Das Harz erhielt nicht genug Härter, oder die Laminate wurden zu schnell übereinandergelegt, bevor der Gelcoat zu gelieren begonnen hatte.

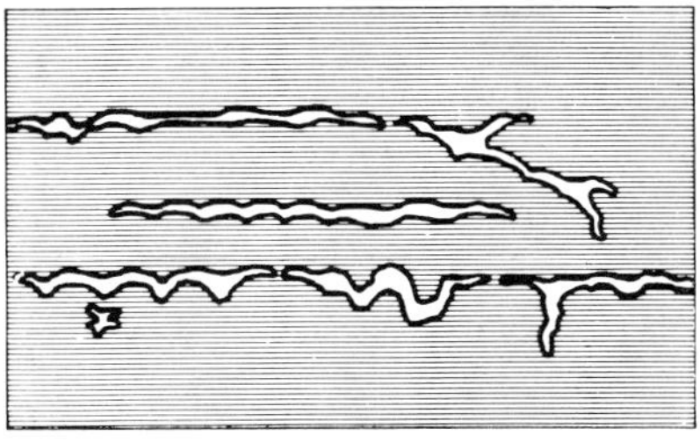

Handauflegeverfahren
Lohnintensives handwerkliches Verfahren zur Herstellung von Booten in kleinen bis mittleren Serien. Die → *Matten*, → *Gewebe* und → *Rovings* werden mit der Hand in oder über eine Form gelegt und mit Rollen oder Pinseln mit Harz getränkt, angedrückt und entlüftet. Man erhält nur eine einseitig glatte Oberfläche, die im allgemeinen außen liegt. Mehrere Schichten von Glasseidenmaterialien und Kunstharz übereinander → *(Laminate)* ergeben den Bootskörper.

Härter
Flüssiger oder pastenförmiger Zusatz zum Kunstharz, der die → *Polymerisation* einleitet, eine chemische Reaktion, die zur Aushärtung führt. Als Härter (auch → *Katalysatoren* genannt) benutzt man eine BP-Paste (aus Benzoylperoxid) oder flüssigen MEK-Härter (aus Methyläthylketonperoxid). Der Härter muß auf den → *Beschleuniger* abgestimmt sein. Die → *Verarbeitung* erfolgt am besten in einem → *Zweitopf-System.*

Härtezeit
Die Zeit, die ein → *Polyesterharz* nach Zugabe von → *Härter* und → *Beschleuniger* bei einer entsprechenden → *Raumtemperatur* bis zur völligen Aushärtung benötigt.

Hartschaum
Aus flüssigen Schaumstoffen (Polyurethan) lassen sich Hartschaum-Körper oder -Platten als Auftriebskörper, zur Isolierung und für besondere Formteile (→ *Verbund-* oder *Sandwich-Bauweise)* anfertigen. Durch Zusammengießen von z. B. je 1 kg der Komponenten A und B gewinnt man 50 l geschlossen-zelligen, seewasserbeständigen Hartschaum mit 95 % Auftrieb.

Katalysator
Auch → *Härter* genannt. Er löst eine chemische Reaktion aus, die zur → *Polymerisation* oder → *Aushärtung* führt. Reste müssen kühl und dun-

kel aufbewahrt werden, da er sich bei Einwirkung von Licht und Wärme zersetzt.

Kernmaterial
Es dient als Abstandhalter zwischen zwei Glasharz-Laminaten und findet insbesondere in → *Sandwich-Konstruktionen* Verwendung. Außerdem dienen Kernmaterialien als druckfestes, elastisches Stützmaterial, um örtliche Beanspruchungen aufnehmen zu können. Bedingung ist eine möglichst geringe Wasseraufnahme. Für den Bootskörper sind → *Schaumstoffe* (Hart-PVC-Schäume), Glasharzwaben und Glasharzwellkerne geeignet, für Aufbauten setzt man außerdem phenolharzgetränkte Papierwaben ein. Die Güte der Konstruktion ist hauptsächlich von der guten Bindung der glasseidenverstärkten Deckschichten mit dem Kern abhängig.

Laminat
Das mit einem polymerisationsfähigen Harzgemisch getränkte Faser-Armierungsmaterial (→ *Glasseidenmatte, Glasseidengewebe, Rovinggewebe* u. a.). Je nach der Dicke des Glasfaser-Materials hat ein Laminat eine Dicke von maximal 1 mm, das heißt, eine GFK-Außenhaut von 4 mm besteht aus ca. vier bis sechs Laminaten.

„Naß in naß“
Verarbeitungsmethode von → *Glasfasermaterial* und Kunstharz, bei der die nächste Lage Glasfasermaterial bereits auf das noch feuchte Harz des vorhergehenden Laminates aufgelegt wird. Durch das sogenannte „Naß in naß“-Arbeiten erhält man einen höheren Glasgehalt und erzielt einen besseren Verbund der einzelnen Lagen untereinander. Es empfiehlt sich nicht, ein Laminat von mehr als 5 mm Dicke naß in naß zu verarbeiten, da bei der → *Polymerisation* dann zu viel Wärme frei wird und damit unerwünschte Spannungen in der gesamten Wandstärke auftreten.

Oberflächenmatte
Dünne Glasmatte mit gleichmäßiger und besonders feiner Faserverteilung, die das darunter liegende → Glasfaser-*Laminat* schützen soll. Auch als → Glasfaser-Oberflächen-*Vliese* in verschiedenen Farbkombinationen und zur Imitation anderer Werkstoffe (Holzdekor) lieferbar. Oberflächenmatten verbessern die Korrosionsbeständigkeit und erhöhen die Abriebsfestigkeit.

Offene Zeit
Die Zeitspanne zwischen Zugabe des → *Beschleunigers* und des → *Härters* und dem Beginn des Härtevorganges bei der Verarbeitung von → *Polyesterharzen;* auch → *Topfzeit* genannt.

Pigmente
Anorganische Farbstoffe in Pulver- oder Pastenform, die zum → *Einfärben* von Kunstharzen für die speziellen Harztypen geliefert werden. Sie müssen weitgehend licht- und wetterecht sein. Pigmente können die Aushärtung des Harzes verzögern oder beschleunigen. In Pulverform gelieferte Pigmente lassen sich nicht leicht in das Kunstharz einarbeiten; Pigmente in Pastenform sind besser.

Polyesterharz
Die handelsüblichen Polyesterharze sind Flüssigkeiten von heller, schwachgelblicher Farbe mit einem Monostyrol-Anteil von 30 bis 35 %. Sie müssen kühl, trocken und dunkel lagern und dürfen in flüssigem Zustand nicht in die Nähe offener Flammen gebracht werden. Für bestimmte Zwecke sind lichtstabilisierte Typen (für transparente, das heißt durchsichtige Teile), elastische, flammwidrige oder andere Harztypen lieferbar.
Der Hersteller gibt dem Verbraucher die notwendigen Rezepturen an, insbesondere die sogenannte → *Topfzeit (offene Zeit)*, das heißt die Zeitspanne zwischen Zugabe des → *Beschleunigers* und dem Beginn des Härtevorganges, Art und Menge von → *Härter* und Beschleuniger sowie die → *Raumtemperatur.*

Polymerisation
Chemische Reaktion, die durch die stürmisch verlaufende Umsetzung des Härters unter Wärmeentwicklung erfolgt und zur Aushärtung der ungesättigten → *Polyesterharze* führt.

Preßverfahren
Kleine Boote bis ca. 6 m Länge und Bauteile von größeren Booten können in Pressen mit einem Druck von 5 bis 15 daN/cm^2 gefertigt werden. Der Vorteil liegt in der industriellen Herstellung mit geringem apparativem Aufwand. Nach Auslegen der Form mit (meistens zugeschnittenen) → *Matten* oder → *Geweben* gibt man das Harz zu und läßt es vom Stempel in die Faserlage pressen (Abb. 19). Nach Aushärten öffnet man die Pressen wieder und entnimmt das fertige Bauteil, das große Gleichmäßigkeit, hohen Glasgehalt und ausgezeichnete Oberfläche bei luftblasenfreien Laminaten hat.

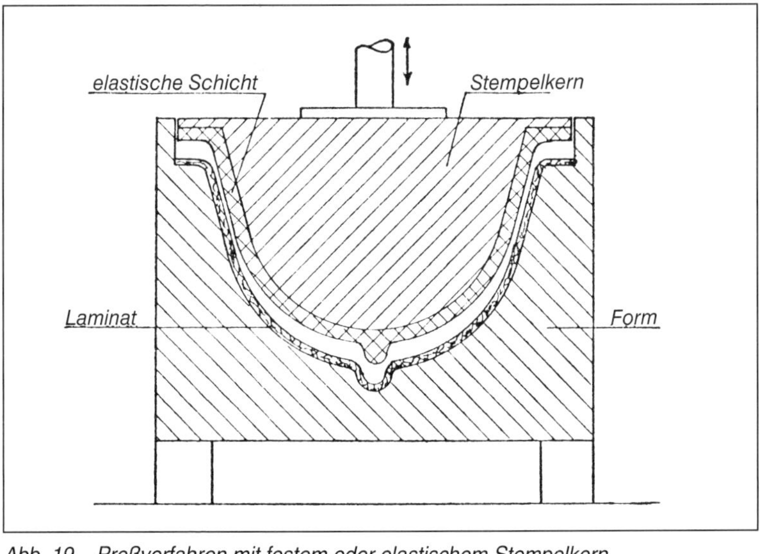

Abb. 19 Preßverfahren mit festem oder elastischem Stempelkern.

Raumtemperatur
Die → *Polymerisation* ist von der richtigen Temperatur im Verarbeitungsraum abhängig. Nur bei ausreichender Raumtemperatur (mindestens 18°C) kann das Harz bis zur optimalen Härte in einer bestimmten Zeit völlig aushärten.

Roving
Dicke Glasseidenstränge, in denen endlose Fäden parallel nebeneinander verlaufen, von mindestens doppelter Menge wie in den Glasseidengarnen, aus denen → *Glasseidengewebe* gefertigt werden. Rovings stellen das Verstärkungsmaterial mit den höchsten Festigkeitswerten dar. Aus diesen breiten Glasseidensträngen, die ohne Drehung und verhältnismäßig lose miteinander verwebt sind, fertigt man → *Rovinggewebe.*

Rovinggewebe
Aus → *Rovings* in verschiedenen Bindungen hergestellte Gewebe, die bei einem geringen spezifischen Gewicht einem → *Laminat* bessere mechanische Eigenschaften (Zugfestigkeit, Druckfestigkeit, Biegefestigkeit usw.) verleihen als Stahlblech. Bei gleichem spezifischem Gewicht wie → *Laminate* aus → *Glasmatten* und → *Glasgeweben* übertreffen sie deren Festigkeiten um das Doppelte bzw. Vierfache. Rovinggewebe laminiert man in den Bereichen eines Bootskörpers ein, die die größten Belastungen aufnehmen müssen: längsschiffs und im Bereich von Kiel und Kimm. Rovinggewebe sind teurer als → *Glasseidenmatten* und dürfen (insbesondere bei größeren Booten) in keiner Außenhaut aus mehreren Laminaten fehlen.

Sandwich-Bauweise
Zwischen zwei Deckschichten aus massivem Glasharz mit großer Festigkeit ist leichtes → *Kernmaterial* aus schubsteifem Material eingebaut, das für einen überall gleichen Abstand sorgt (Abb. 20). Sehr günstiges Verhältnis von Steifigkeit des Bootskörpers zu seinem Gewicht. Einer Wandstärke aus glasfaserverstärktem Kunststoff, massiv, von 5 mm entspricht ein Sandwich-Aufbau von 14 mm Dicke, von dem 10 mm für das

Abb. 20 Eine Sandwich-Schicht: Das Kernmaterial liegt als „Butter" zwischen den beiden „Brotschnitten", den äußeren und inneren Laminaten aus massivem Glasharz.

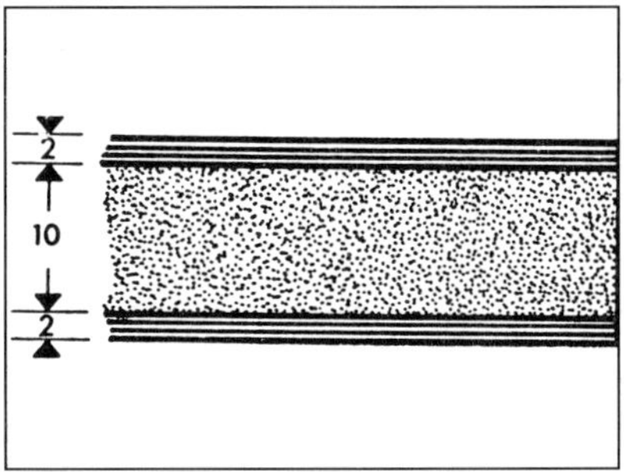

→ *Kernmaterial* und je 2 mm für die beiden Deckschichten entfallen. Boote in Sandwich-Bauweise haben eine gute Isolation und sind verwindungsfrei und leicht, ohne daß Spanten oder andere Versteifungen eingebaut werden müssen.

Schaumstoffe
Als → *Hartschaum* mit geschlossenen Poren (z. B. „Styropor", „Conticell" oder „Airex") als Kernmaterial für → *Sandwich-* oder → *Verbundbauweise* geeignet. Auch flüssig zum Ausschäumen von nicht zugänglichen Räumen oder Auftriebskästen lieferbar.

Steppmatte
Mechanisch gebundene → *Glasseidenmatte,* die als Verankerungsmaterial zwischen dem → *Kern* und der → *GFK*-Deckschicht in der → *Verbundbauweise* zum Einsatz kommt.

Styrol
Lösungs- und Verdünnungsmittel für ungesättigte → *Polyesterharze.* Die im Handel erhältlichen Polyesterharze sind Lösungen von Polyestern in polymerisationsfähigem Styrol. Um die → *Viskosität* des Harzes einzustellen, kann man zusätzlich Styrol nachfüllen. Es wird wegen seines günstigen Preises gegenüber anderen Verdünnungsmitteln bevorzugt.

Styrol baut sich als feste Komponente (der Fachmann spricht von einer „Mischpolymerisation") in das Harz ein.

Topfzeit

Die Zeit, in der das mit → *Härter* und → *Beschleuniger* angerührte Harz vom flüssigen in den Gelierzustand übergeht. Mit unterschiedlicher Dosierung von Härter und Beschleuniger läßt sich die Topfzeit der gewünschten → *Verarbeitungszeit* anpassen. Besonders sicher ist die → *Verarbeitung,* wenn man mit dem → *Zweitopf-System* arbeitet und eine immer gleiche Topfzeit wählt. Läßt sich die Verarbeitungsmenge nicht in der eingestellten Topfzeit verarbeiten, kann man sie durch Zugabe von → *Styrol* verlängern.

Trennlack

Ein feuergefährlicher, gegen → *Polyesterharze* und deren Zusätze beständiger, aber wasserlöslicher Porenfüller zum Versiegeln einer Form bei stark saugendem Untergrund (Holz, Gips, Spanplatten usw.). 1 kg reicht für eine Fläche von 5 m^2, Trockenzeit 15 Minuten. Wird mit weichem Pinsel, Schwamm oder weichem Lappen aufgetragen; ist verdünnt auch spritzfähig.

Trennwachs

Ein unbrennbares, ungiftiges und temperaturbeständiges Mittel gegen die Haftung von Kunstharz auf einer → *Form* aus Kunststoff, Metall oder anderen Materialien. 1 kg reicht für das Auftragen auf eine Fläche von 10 m^2; Trocknungszeit zwei bis fünf Minuten. Anwendung für die Bootsreparatur nur erforderlich, wenn wichtige Teile zu ersetzen sind und hierfür ein entsprechendes Formteil angefertigt werden muß.

Vakuumverfahren

Ein höherer Glasgehalt als beim → *Handauflegeverfahren* bei einer teureren Form, aber billigeren Arbeitsaufwendung wird beim Vakuumverfahren erzielt. Es ist besonders bei der Herstellung von Booten in der → *Sandwich-Bauweise* üblich: Nach Auslegen der Form mit harzgetränkten → *Glasfasermatten* oder *-geweben* einschließlich des → *Kernmaterials* oder nach Aufspritzen eines Faser-Harz-Gemisches legt man eine Folie auf, die sich faltenlos an die Faser-Harz-Schicht anlegt (Abb. 21). Ein mit Spannschrauben aufgesetzter Rahmen dichtet sie seitlich ab. Der Raum zwischen Folie und Form wird dann entlüftet, und die Laminate werden unter atmosphärischem Druck (bis zu 6 N/cm^2) verdichtet.

Verarbeitung
→ *Polyesterharz* oder *-lack*, → *Härter* und → *Beschleuniger* werden am besten in einem → *Zweitopf-System* verarbeitet. Damit erfüllt man die Gebote der Sicherheit, Härter und Beschleuniger wegen Explosionsgefahr niemals zusammen zu vermischen. Gleichzeitig kann man auch tagelang haltbare größere Mengen ansetzen, die zusammen nach und nach in den Verarbeitungstopf gegeben werden. Man gießt die genau geteilte Polyestermenge in zwei Töpfe und fügt dem einen Topf den Härter, dem anderen den Beschleuniger zu. Beides wird gut verrührt. Genau abgemessene Teilmengen kommen anschließend in den Verarbeitungstopf, in dem nach Verrühren die immer gleiche → *Topfzeit* beginnt. Die beiden Ansatzmengen in den Töpfen A und B (Abb. 22) halten sich (gut verschlossen) mehrere Tage.

Verarbeitungszeit
Bei der Reparatur kann man sich die Zeit zur Verarbeitung des Harzes nach Belieben einstellen. Die Verarbeitungszeit kann zwischen wenigen Minuten und mehreren Tagen variieren und hängt von den Eigenschaften des eingesetzten Kunstharzes, der Art und Menge von → *Härter* und → *Beschleuniger* sowie der → *Topfzeit* und der → *Raumtemperatur* ab.

Verbundbauweise
Bootsbau aus massiven → *GFK*-Außenwänden mit einlaminiertem → *Kernmaterial* aus leichtem, schubsteifem Material, vorwiegend als → *Sandwich-Bauweise* bekannt. Die Güte einer Verbund-Konstruktion ist hauptsächlich von der richtigen Bindung der glasseidenverstärkten Deckschichten mit dem Kern abhängig.

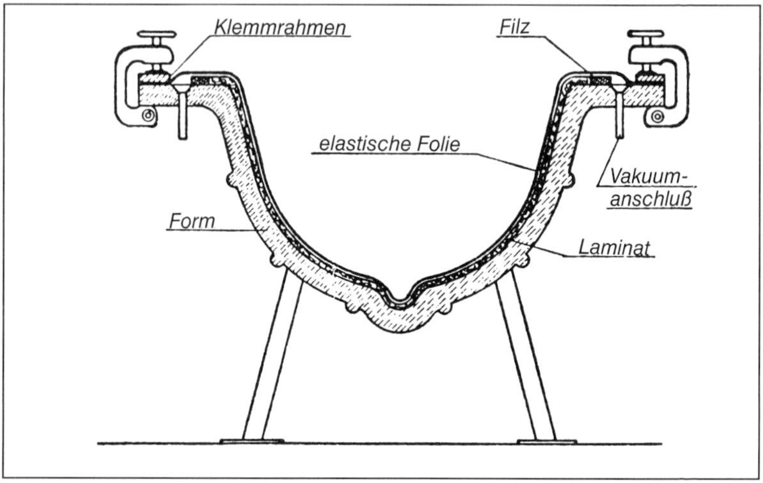

Abb. 21 Bootsbau nach dem Vakuumverfahren.

Abb. 22 Empfehlenswerte Verarbeitung im Zweitopf-System.

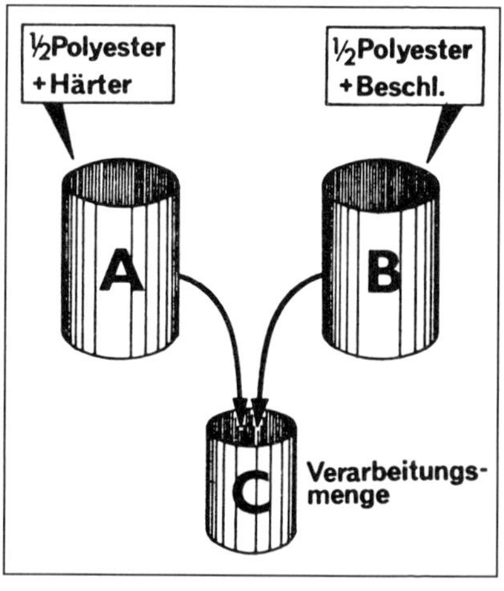

Viskosität
Zähflüssigkeit des Kunstharzes, die auch von Temperaturschwankungen abhängt. Man benötigt eine niedrige Viskosität (geringere Zähflüssigkeit), wenn das Harz in poröse Oberflächen eindringen soll, und eine hohe Viskosität (größere Zähflüssigkeit), wenn bei der Bearbeitung von steilen Formflächen das Harz nicht abfließen darf und „Tränenbildung" verhindert werden soll.

Viskositätsminderung
Ein zähflüssiges Harz verdünnt man durch Zugabe von → *Styrol,* je nach Harztyp maximal 10 bis 20 %.

Viskositätsverstärkung
Man erhöht die Zähflüssigkeit durch Zugabe von → *Füllstoffen* (bis zu 30 %) oder durch Einrühren von Aerosil (bis 5 %).

Vlies
Hauchdünne → *Oberflächenmatte* aus Stapelglasfaser oder Zellulose, die als äußere Schutzschicht in → *Polyester* eingebettet wird. Bedruckt auch mit Schmuckfarben oder mit Holzdekor lieferbar.

Zweitopf-System
Einfachste Vorbereitung für die Verarbeitung von Glasharz durch den Bootsbau-Amateur: Man gibt das Polyesterharz in gleichen Teilen in die Töpfe A und B und setzt dem Topf A die Härter- und dem Topf B die Beschleunigermenge für das gesamte Polyesterharz zu. Diese Ansatzmengen sind tagelang haltbar und werden zur Verarbeitung in geringeren gleichen Mengen in den (kleineren) Topf C gegeben (Abb. 22). Die → *Topf-* und *offene Zeit,* die → *Gel-* und *Härtezeit* bleiben hierdurch immer gleich.

Reparatur von Kunststoffbooten

Auch Kunststoffboote können bei einer Ramming beschädigt werden, Heißaugen können ausreißen, Klampen sich aus ihren Verankerungen lösen. Manche Eigner mußten sich erst an diese Gedanken gewöhnen, denn sie hielten glasfaserverstärkten Kunststoff für absolut unverwüstlich. Er ist es auch – aber natürlich nur in den Grenzen der Materialstärken.

Der Vorteil bei einem beschädigten Kunststoffrumpf: Man muß nicht gleich nach dem Bootsbauer rufen oder eine Werft aufsuchen; selbst größere Reparaturen kann man allein erledigen. Das heißt auch: Man kann sein Kunststoffboot genauso um- und ausbauen wie ein Boot aus Holz oder Stahl. Es geht sogar leichter. Anstelle von Kraft benötigt man Fingerfertigkeit, anstelle von grobem Werkzeug benutzt man Tupfer, leichte Matten und flüssiges Harz. Einfaches Handwerkzeug aus dem Boots- oder Haushaltskasten ersetzt Spezialmaschinen von Holz- und Stahlschiffbauern. Der gesunde Menschenverstand und die Fingerfertigkeit eines Durchschnittsbürgers reichen für die Verarbeitung von Glasfaserkunststoff aus, gepaart mit einem gesunden Selbstbewußtsein und der peniblen Genauigkeit zur Einhaltung von *Topfzeit* und anderen Verarbeitungsrichtlinien.

Werkzeug

Zum Bohren von Löchern benötigt man einen einfachen *Spiralbohrer,* für Handbetrieb oder in der Bohrmaschine. Wenn möglich, bohre man von der glatten zur rauhen Seite der Glasharz-Bootshaut, das heißt von der

Außen- zur Innenseite. Die bessere Seite mit der harzreichen Gelcoatschicht schneidet man dann hart an, das unsaubere Bohrloch bleibt auf der qualitativ schlechteren Innenseite. Muß man aus bestimmten Gründen von der rauhen Innen- zur glatten Außenseite bohren, halte man dort einen Holzblock gegen oder klemme ihn unverrutschbar mit einer Schraubzwinge fest.

Wer selten mit dem Bohrer umgeht oder keine ruhige Hand hat, klebe einen breiten Streifen Klebeband oder eine Folie über den Bereich, an dem er arbeitet, damit ein Ausrutscher beim Ansetzen des Bohrers die Außenhaut nicht an anderer Stelle beschädigt (Abb. 23).

Weiter benötigen wir eine *Bügelsäge,* einen *Fuchsschwanz* oder eine *Stichsäge,* wie man sie für Metallarbeiten oder feine Holzarbeiten benutzt, das heißt mit vielen und kleinen Zähnen. Man säge ebenfalls in Richtung von der „guten" zur „schlechten" Seite der Oberfläche, um die Spanbildung auf der glatten Vorderseite zu vermeiden (Abb. 24).

Auch elektrische Sägen oder kleine Fräsen, Schleifscheiben und ähnliches kann man benutzen, wenn größere Reparaturen warten. Hier leistet ein Heimwerker mit der vielfachen Kombinationsmöglichkeit von Werkzeugen gute Dienste.

Zum Glätten der gebohrten oder gesägten Ränder und zur richtigen Formgebung der so geschaffenen Durchbrechungen ist eine *Feile* nötig. Glasfaserverstärkter Kunststoff läßt sich wie Leichtmetall bearbeiten. Man benutzt daher eine feine Feile; eine flexible ist besser als eine starre. Auch hier arbeitet man wieder von der „guten" zur „groben" Oberfläche (Abb. 25).

Mit dem Hammer kann man das flexible Material nicht bearbeiten, wenn es bei einer Beschädigung seine Form verloren hat. Dann muß man mit *Klemmen* oder *Zwingen* arbeiten. Beim Einschlagen von Beschlägen mit dem Hammer muß man ohnehin vorsichtig arbeiten, da wir es ja mit einem elastischen, größtenteils aus Glas bestehenden Werkstoff zu tun haben, der sehr spröde ist und daher bei Hammerschlägen erschüttert wird. Dicht über der Glasharz-Oberfläche oder in der Nähe der beschädigten Stelle arbeite man daher mit dem Hammer sehr zurückhaltend und vorsichtig und nur, wenn unbedingt notwendig.

Abb. 23 Ein Klebeband schützt den Reparaturbereich vor Beschädigungen.

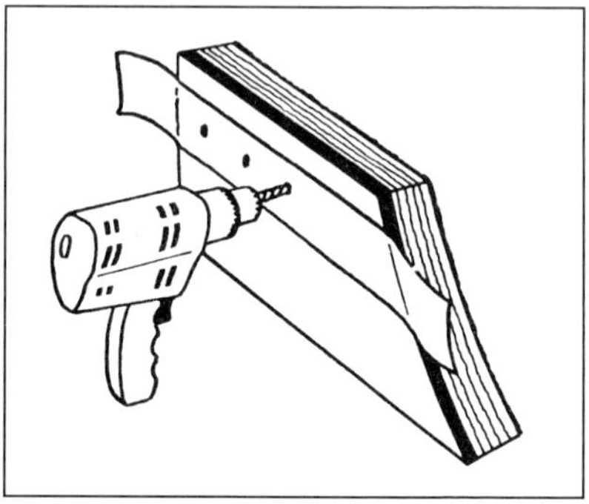

Abb. 24 Mit einer Säge schafft man vor der Reparatur glatte Ränder.

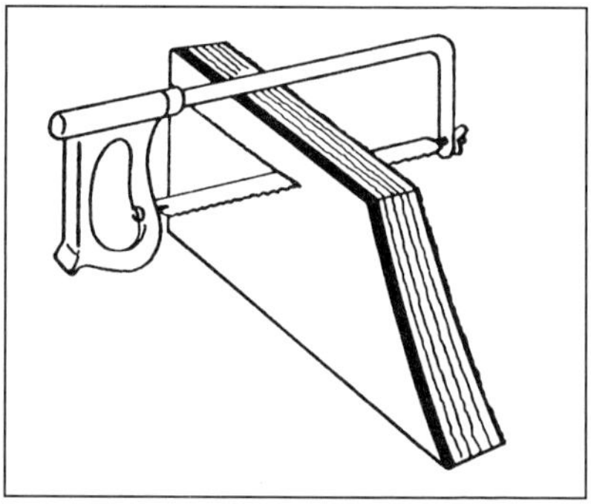

Abb. 25 Kunststoff läßt sich auch mit einer Feile bearbeiten.

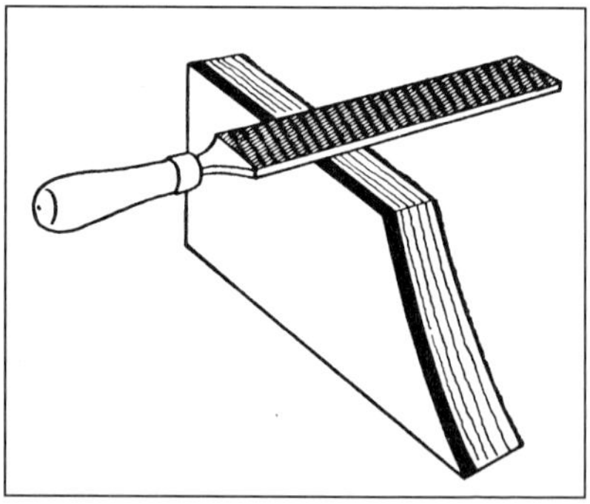

Vorsichtig muß man auch mit *Sand-* oder *Schleifpapier* arbeiten, da ein Kratzer, der in die Oberfläche eingraviert wurde, nicht mehr zu entfernen ist. Trockenes Schleifen und entsprechendes Schleifpapier entfallen – man kann nur naß schleifen und mit sehr feinkörnigen Papieren arbeiten. Die elektrische *Schleifscheibe* empfiehlt sich nur, wenn man größere Flächen bewußt aufrauhen will, um eine neue Gelcoatschicht aufzutragen oder den Kunststoffrumpf mit zwei neuen Laminaten zu beschichten. Schleifscheiben sind nützlich, wenn beschädigte Stellen in größerem Umfange glatt „ausrasiert" werden müssen.
Für größere Reparaturen und bei Erstlingsarbeiten empfiehlt sich außerdem ein einfacher *Holzrahmen mit Maschendraht* (Abb. 26), der die aufgelegten Matten oder Gewebe an ihrem Platz festhält, wenn man sie durch den Pinsel mit Harz betupft oder Harz mit dem Roller aufträgt. Gute Dienste leistet auch ein *Stecheisen,* am besten in Verbindung mit einem Holz- oder Hartgummikeil (Abb. 27). Hiermit kann man eine Scha-

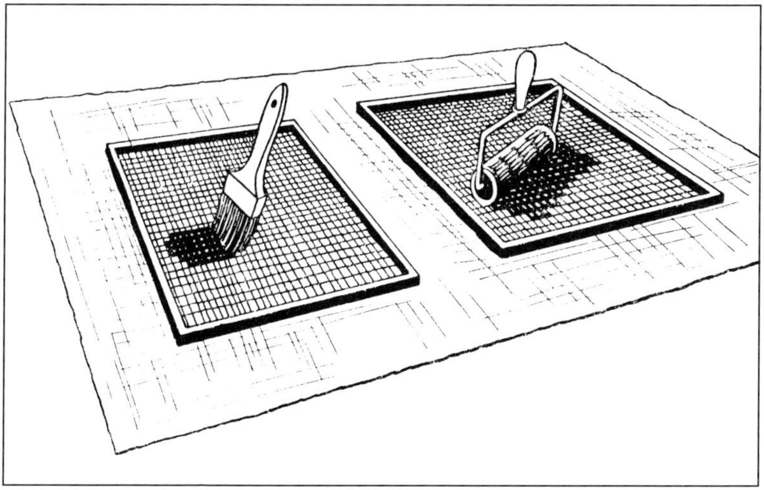

Abb. 26 Ein Holzrahmen mit Maschendraht erleichtert die Verarbeitung von Polyesterharz. Die Glasmatte wird überall fest an ihrem Platz gehalten.

Abb. 27 Für Feinarbeiten empfiehlt sich ein Stecheisen, in Verbindung mit einem Keil auch zur Abschrägung von Rändern.

densstelle nicht nur glatt abstechen. Man kann auch einen durchgehärteten Flicken mit dem gleichwinkligen Rand wie die Ausnehmung herstellen und ihn bündig einpassen.

Material

Bekanntlich besteht die Haut unseres Glasharzbootes aus mehreren Schichten harzgetränkter Glasmatten oder Glasgewebe. Bei Booten bis 5 m Länge ist die Wandung 4 mm dick, bei 6-m-Booten steigt sie auf 5 mm, bei 7-m-Booten auf 6 bis 7 mm Dicke, bei 8-m-Booten auf 8 mm Dicke, um dann ungefähr in Millimetern der entsprechenden Bootslänge in Metern zu entsprechen. Je nach der Qualität des Glasharzrumpfes hat ein Laminat eine durchschnittliche Dicke von 1 mm, das heißt, eine 5 mm starke Bootshaut besteht aus mindestens 5 Laminaten.
Billige Boote sind oft nur aus dickeren *Glasmatten* gebaut und bestehen daher meistens aus weniger Laminaten. Der Preisunterschied gegenüber teureren Booten liegt in der Verwendung von feineren Glasseiden- oder Rovinggeweben mit höherer Festigkeit und dementsprechend (bei gleicher Wandstärke) größerer Anzahl von Laminaten.

Abb. 28 Zu dichtes Glasseidengewebe: schwer mit Harz zu tränken.

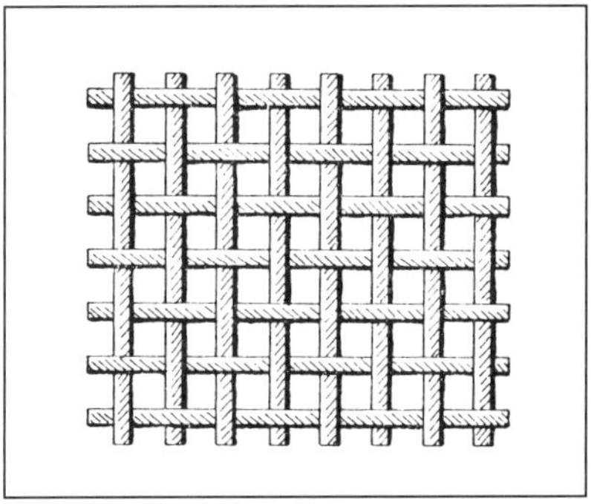

Abb. 29 Zu offenes Glasseidengewebe: zu geringer Glasanteil.

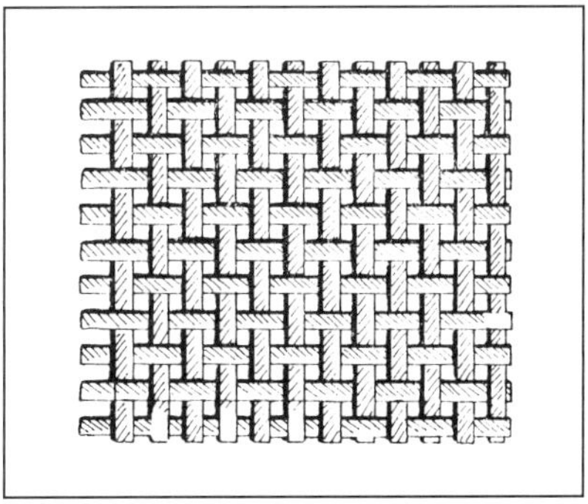

Abb. 30 Richtiges Glasseidengewebe: gute Harzsättigung, hoher Glasanteil.

Zur Reparatur sollte mindestens der qualitativ gleiche Laminataufbau gewählt werden. Man kann ihn erkennen, wenn die nach einer Havarie entstandene und sauber ausgeschnittene Stelle groß genug ist.
Leichter verarbeitet sich in der Hand des Amateurs neben der „Standardmatte“ ein leichtes Gewebe, das gegebenfalls *zweimal* einlaminiert wird. Bei der Wahl des Gewebes vermeide man eine extrem dichte Webart (Abb. 28), die zwar hohe Festigkeit hat, aber schwer mit Harz zu tränken ist. Ähnlich verhält es sich mit einem zu offenen Gewebe (Abb. 29), bei dem der festigende Glasanteil zu gering ist. Es gibt durch eine zu dicke Harzschicht der Schadensstelle nicht ausreichende Festigkeit. Am besten ist ein in Abb. 30 gezeigtes Gewebe mit gleichmäßiger Festigkeit in Kette und Schuß, in Längs- wie in Querrichtung also, und guter Kombination von Glasfestigkeit und Harzsättigung.
Für die Verarbeitung des Harzes geben die Hersteller die notwendigen Rezepturen an: wie viele Anteile Härter dem Kunstharz beigemischt werden müssen, damit die Aushärtung bei Raumtemperatur erfolgen kann, und wie lange die Topfzeit dauert.
Bei der Verarbeitung von Glasharz müssen die ebenfalls in den Verarbeitungsvorschriften enthaltenen Sicherheitsbestimmungen beachtet werden:

- Schutzbrille gegen Harzspritzer tragen!
- Härter und Beschleuniger wegen Explosionsgefahr nicht miteinander vermischen, sondern *nacheinander* in das Harz gießen.

Muß man mit Formen oder mit unterlegten, stützenden Teilen arbeiten, ist ein Trennmittel in Form von Wachs oder Folie notwendig, damit man die meist hölzerne Schablone nach dem Aushärten vom Glasharz trennen kann und sie nicht mit anlaminiert. Einzelheiten hierüber bei den verschiedenen Verarbeitungstips.

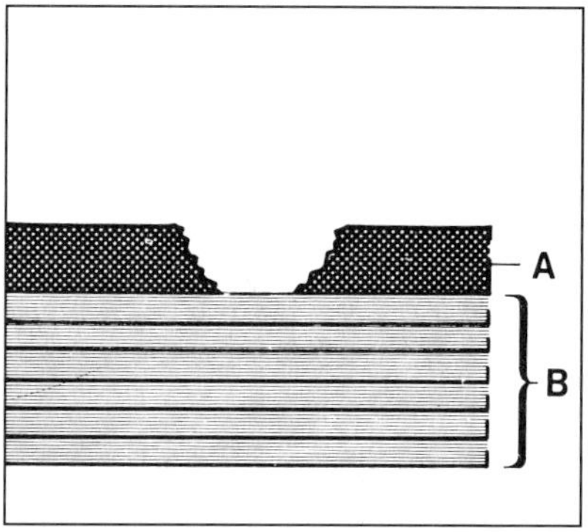

Abb. 31 Nur die Gelcoat- oder Feinschicht (A) ist beschädigt. Die darunter liegenden Laminate (B) sind unverletzt.

Abb. 32 Reinigen der Schadensstelle.

Abb. 33 Aufrauhen des beschädigten Bereiches.

Oberflächen-Reparatur: Haarriß im Gelcoat

Der häufigste Fehler, der sich durch nicht sachgemäße Verarbeitung des Harzes an einem Kunststoffrumpf zeigen kann, ist ein Haarriß (siehe Abb. 15–18). Er kann auch nur als ein kleines Loch in der Außenschicht auftreten. Hierbei ist oft nur die Gelcoatschicht (Abb. 31) auf begrenztem Raum in Mitleidenschaft gezogen. Die darunter liegenden Laminate aber sind unverletzt.

Man beschafft sich eine kleine Dose Gelcoat (Polyesterharz) von der gleichen Farbe des Bootes (am besten direkt vom Hersteller) und die entsprechende Menge Beschleuniger und Härter. Zuerst reinigt man den Bereich rund um die Schadensstelle sorgfältig von Wachs, Öl oder anderen Schmutzschichten und insbesondere natürlich die Schadensstelle selbst (Abb. 32). Mit einem Fräskopf der Bohrmaschine rauht man – wenn der Riß oder das Loch breit genug sind – den Boden und den Rand vorsichtig auf. Man vermeide jedoch, das darunter liegende Laminat zu beschädigen (Abb. 33).

Auf einen kleinen Teller oder ein Stückchen Pappe schütten wir jetzt etwas Harz, gerade genug, um die Schadensstelle auszufüllen, und geben zwei bis drei Tropfen Härter und Beschleuniger dazu. Durch Tupfen wird alles zusammengemischt. Mit der Fingerspitze tupft man das Gelcoat auf

Abb. 34 Auftupfen von Harz.

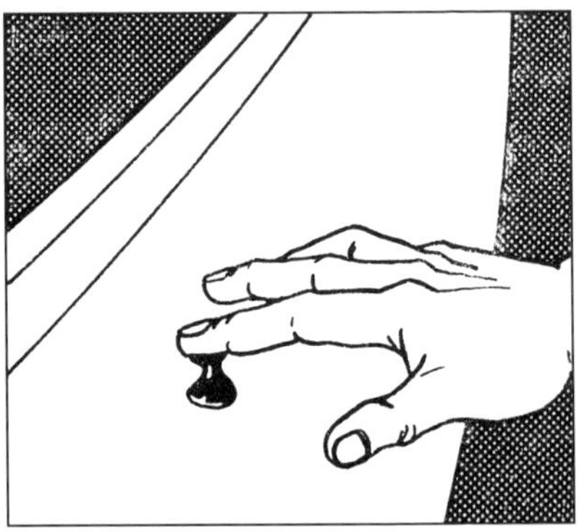

Abb. 35 Überlegen einer Folie.

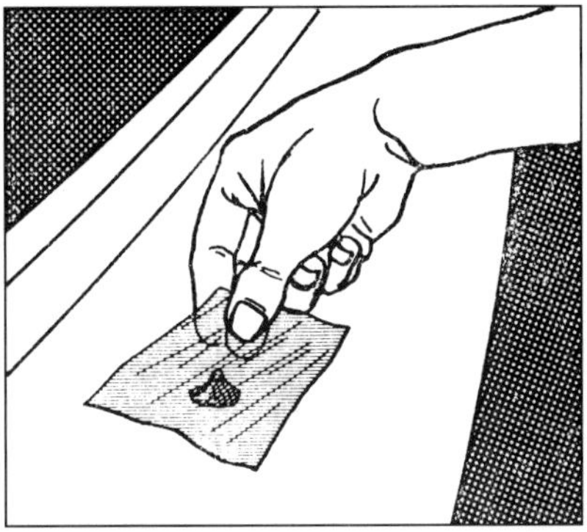

Abb. 36 Glätten mit einer Klinge.

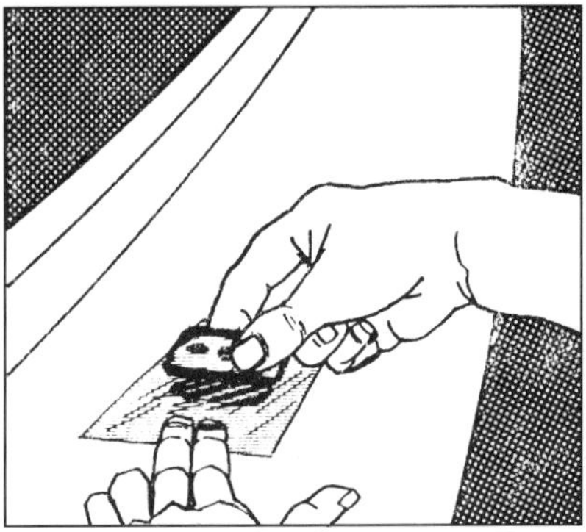

Abb. 37 Naß überschleifen.

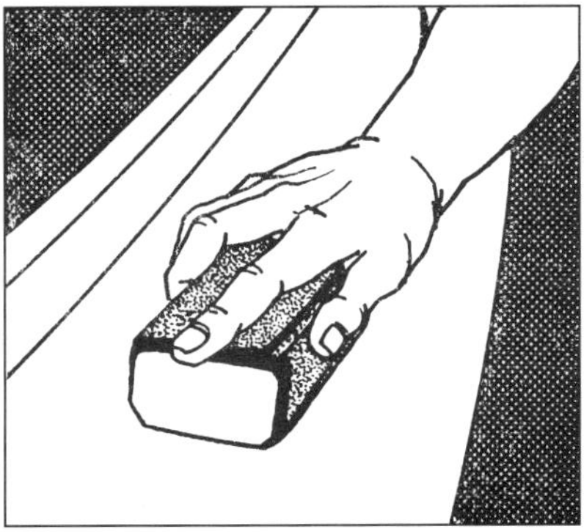

die beschädigte Stelle (Abb. 34), legt ein Stückchen Folie darüber (Abb. 35) und glättet die Harzschicht (Abb. 36) mit Hilfe einer Klinge. Hierbei soll ein millimeterhoher „Berg“ über der Schadensstelle bleiben und diese auch seitlich gut überdecken. Nach einer Nacht wird der ganze Bereich vorsichtig naß übergeschliffen und hierbei der „Berg“ wieder eingeebnet (Abb. 37).
Die Glasharzschale ist jetzt wieder vollkommen stabil und vor allem dicht; denn nichts ist gefährlicher als das Eindringen von Feuchtigkeit oder Chemikalien (aus dem Hafenwasser) in die Laminate, in die Zwischenräume von Glasgeweben und Harzschichten also.

Oberflächen-Reparatur der Außenhaut

Ist nicht nur die Oberfläche, sondern auch eine darunter liegende Laminatschicht beschädigt, ohne daß es zu einem vollständigen Durchbruch durch die Außenhaut gekommen ist (Abb. 38), mischt man sich wiederum Harz, Beschleuniger und Härter auf einem Pappstück oder in einer Schale an. Man benötigt jetzt aber noch einige Flicken Matte und Gewebe, aus denen man ungefähr die gleiche Menge Glasfasern auszupft – genug, um die Schadensstelle auszufüllen.
Mit Hilfe von Spachtelmesser, Taschenmesser oder Schraubendreher vermischt man Glas und Harz (Abb. 39) und tupft alles mit der Messerspitze in die beschädigte Stelle (Abb. 40). Die Schneide drückt anschließend das Gemisch so fest, daß alle Luftbläschen entweichen und alle kleinen Fasern fest anliegen können. Ein Stückchen Folie, Cellophan-Papier oder ähnliches deckt dann die reparierte Stelle ab (Abb. 41), damit sie luftdicht verschlossen ist und das Aushärten beginnen kann.
Nach 10 bis 15 Minuten ist der Flicken angehärtet. Fühlt er sich beim Berühren gummiartig an, nimmt man die Folie ab und hebt mit einem Spachtelmesser, einem Messer oder einer Klinge (Abb. 42) die überstehende Glasharzmasse ab. Dann legt man die Schutzfolie auf und läßt noch eine halbe Stunde weiterhärten.

Abb. 38 Nicht nur die äußere Feinschicht (A) ist beschädigt, auch darunter liegende Laminate (B) wurden in Mitleidenschaft gezogen.

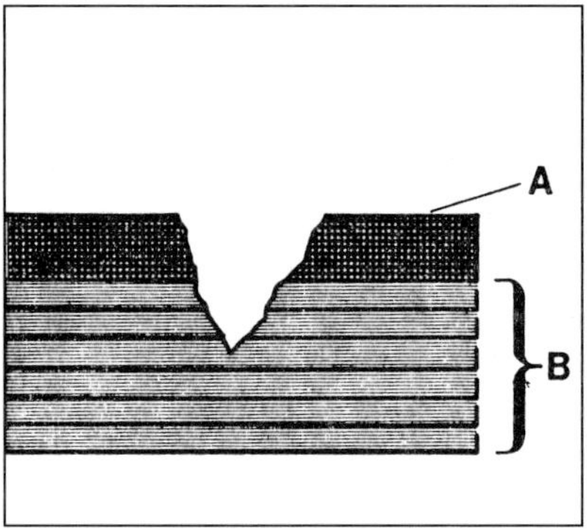

Abb. 39 Anrühren von Harz, Beschleuniger und Härter und Vermischen mit Glasfasern zu einem dicken Brei.

Abb. 40 Man tupft das Gemisch auf.

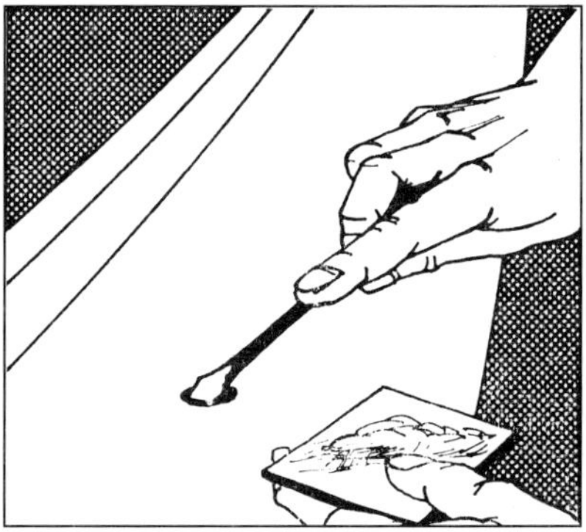

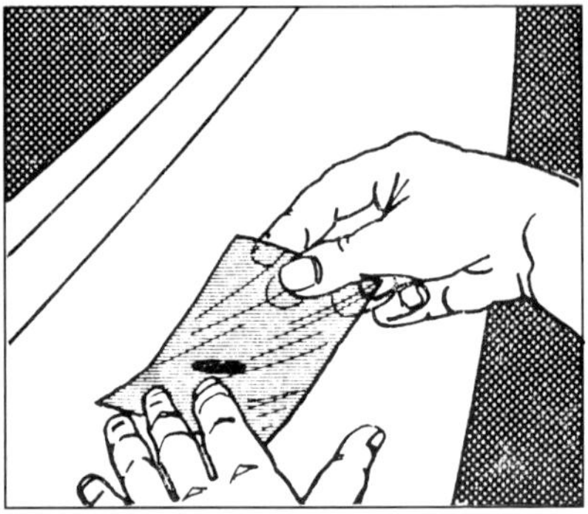

Abb. 41 Andrücken des Glasharzbreis mit einer Folie.

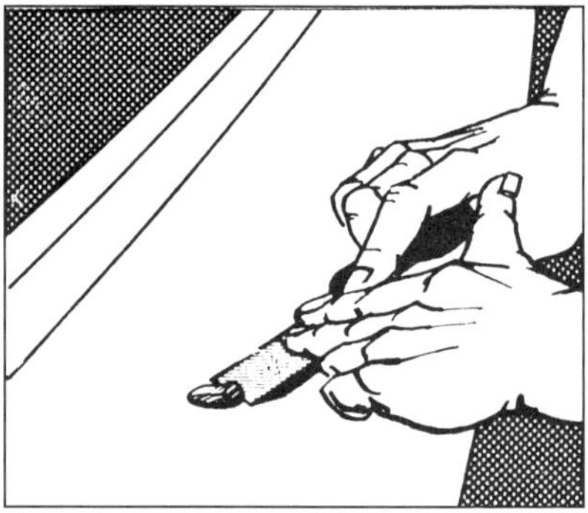

Abb. 42 Abheben des überstehenden Restes mit dem Messer.

Danach wird die Reparaturstelle etwas eingeschrumpft sein. Man nimmt den Fräsbohrer zur Hand, rauht die Oberfläche noch einmal leicht auf und bringt dann die Gelcoatschicht auf, wie es in den Abb. 34–37 gezeigt wurde.

Bei tiefergehenden oder größeren Beschädigungen, die nur eine dünne Glasharzschicht übrigließen, empfiehlt sich eine Aussteifung des Bootes an der betreffenden Stelle (siehe Abb. 65–69), damit nicht durch eine Verformung die reparierte Stelle später einreißen kann. Auch ein Sandsack als Widerlager, der sich einer Rundung besonders gut anpaßt, leistet hierzu gute Dienste.

Loch im Boot – beidseitig erreichbar

Um ein Loch in einem Holzboot zu dichten, muß man meistens mehrere Gänge einige Meter weit entfernen und durch neue, richtig überlappende Planken ersetzen. Diese Reparatur meistert nur ein Fachmann. Bei einem Kunststoffboot schafft dies auch ein Amateur: Er geht praktisch wie ein Zahnarzt vor, erweitert die Schadensstelle zu einem sauberen Loch und verklebt sie sorgfältig von beiden Seiten.

Als Reparaturmaterial benötigt man wiederum einige Flicken Glasmatten und -gewebe, je nach der Schadensstelle auch ein Stückchen Roving, dazu wiederum Harz, Beschleuniger und Härter entsprechend der Bootsfarbe, ein Stückchen durchsichtige Folie, etwas Pappe und einen Heimwerker mit der Möglichkeit zu sägen, zu glätten und zu schleifen (falls man nicht Einzelwerkzeuge bevorzugt). Man sollte an einem schattigen Platz arbeiten oder in einem geschlossenen Raum, damit die Sonne das Aushärten nicht beschleunigen kann, oder im Winter in einem Raum mit ausreichender Temperatur von mindestens 18–20° C.

Havarien müssen schnell repariert werden, da in die Laminate eingedrungenes Wasser die Außenhaut schnell weiter zerstören kann. Wir reinigen zuerst wieder den Bereich der Beschädigung von Farbe, Konservierungsmitteln und Staub und schneiden dann mit der Säge die Schadensstelle zu einem runden Loch aus (Abb. 43). Dann prüfen wir, ob der verbliebene Teil des Rumpfes fest und unbeschädigt ist, und schleifen auf der „schlechten" Innenseite die Ränder mit Feile oder Schleifscheibe glatt (Abb. 44). Sind alle kleinen Glasfasern abgetrennt, nehmen wir Schleifpapier und rauhen den Randbereich zur besseren Haftung auf. Von außen wird dann ein Stückchen Folie und darüber Pappe über den Durchbruch gelegt und mit Klebestreifen so gut befestigt, daß er die havarierte Stelle voll abdeckt (Abb. 45).

Wir schneiden jetzt mehrere Flicken aus Matte und Gewebe, die allseitig 2 bis 5 cm größer als das Loch im Boot sind (Abb. 46), und mischen uns im Dosendeckel etwas Harz und Härter im Verhältnis 10:1 – gerade so viel, wie man für jeden Arbeitsgang benötigt. Man arbeitet jetzt naß in naß, tränkt Matte und Gewebe ausreichend mit Harz (Abb. 47) und legt

Abb. 43 Man schneidet um die beschädigte Stelle einen sauberen Rand.

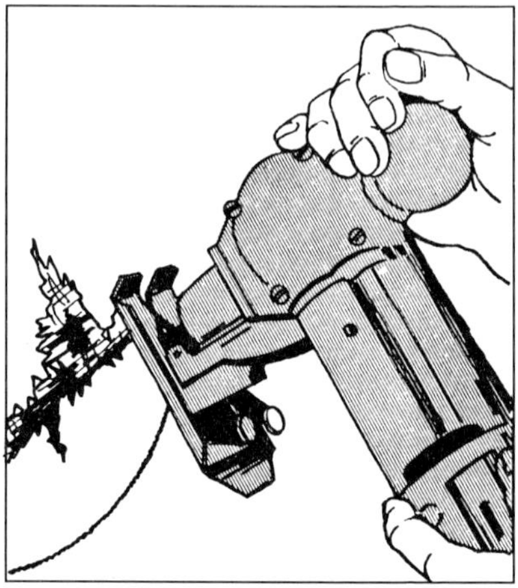

Abb. 44 Die Ränder des Loches werden glattgeschliffen.

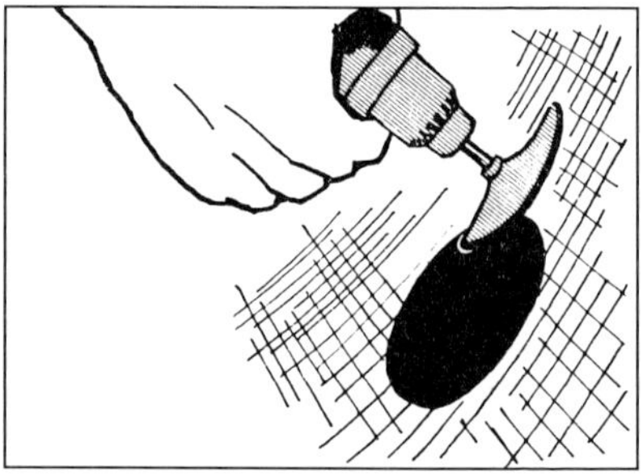

Abb. 45 Mit Pappe und Klebeband entsteht eine Notwand.

Abb. 46 Passende Flicken aus Glasmatte und Gewebe, größer als das Loch, werden zugeschnitten und Harz mit Beschleuniger und Härter angemischt.

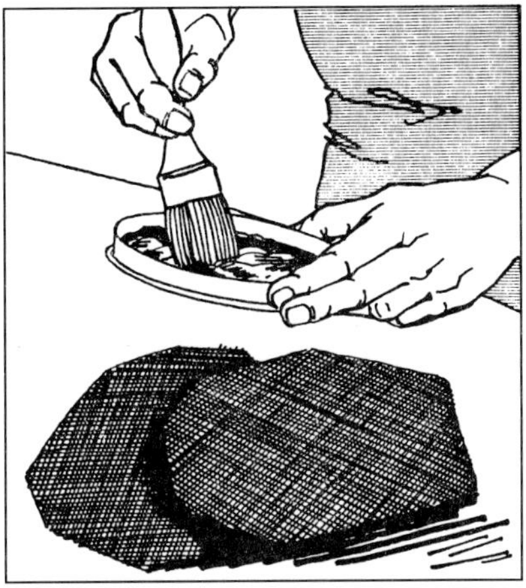

Abb. 47 Man verarbeitet die Flicken naß in naß.

Abb. 48 Luftbläschen müssen mit dem Gummiabstreifer ausgedrückt werden.

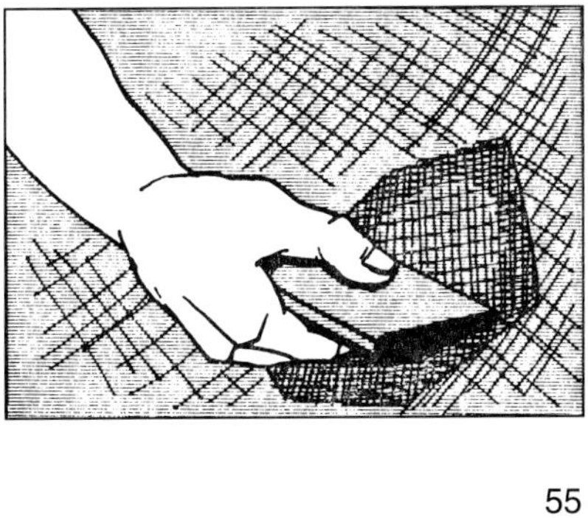

dann zuerst die Matte und dann das Gewebe über die Schadensstelle. Anschließend folgt eine Folie, und dann werden mit einem Gummiabstreifer alle Luftbläschen vom Zentrum allseitig nach außen herausgedrückt (Abb. 48). Jetzt läßt man den Flicken zwei Stunden aushärten. Auf der Innenseite ist die Arbeit damit erledigt.

Anschließend entfernt man Folie und Pappe von der Außenseite und schleift die scharfen Stellen der alten Bootshaut ca. 2 bis 5 cm breit um den Flicken herum ab (Abb. 49), um den Haftgrund aufzurauhen und einen besseren schrägen Übergang durch alle Laminate von der alten Bootshaut zu dem Flicken zu geben.

Mit Klebestreifen und Papier decken wir jetzt die unbeschädigte Außenhaut rund um die Reparaturstelle ab und laminieren auch von außen 2 bis 3 Matten und Gewebeflicken naß in naß über die Schadensstelle (Abb. 50). Diesen Vorgang wiederholt man entsprechend der Anzahl der Laminate und der Dicke der Bootshaut, bis der ursprüngliche Laminataufbau wieder erreicht ist.

Mit einem Gummiabstreifer, einem Spachtelmesser oder dem Rücken eines Messers preßt man den Flicken kräftig an (Abb. 51), drückt hierbei alle Luftbläschen heraus und läßt alles wiederum 20 Minuten antrocknen.

Beginnt der Flicken auszuhärten und wird er hierbei gummiartig, schneidet man mit einem scharfen Messer alle über den Rand des Loches überstehenden Matten- und Gewebeteile ab (Abb. 52). Mit einer Schere entfernt man auch die nach oben abstehenden harten Glasfäserchen, die nicht mit einlaminiert wurden, damit man sie später nicht abschleifen muß.

Eine Nacht muß alles trocknen. Dann kann man mit der Schleifscheibe und trockenem Sandpapier oder mit dem Schleifkissen den Flicken glätten und vor allem die Unebenheiten an den Nahtstellen zum alten Bootsboden ausgleichen (Abb. 53). Haben Luftreste winzige Trichter gebildet, kann man sie noch jetzt mit Harz füllen.

Nun liegt also ein überlappender Flicken auf der Unterseite und ein nahtlos eingefügtes Ersatzteil auf der Außenseite, auf dem nur noch der farbige Gelcoat fehlt. Man mischt ihn in kleinen Mengen mit Härter, wie wir

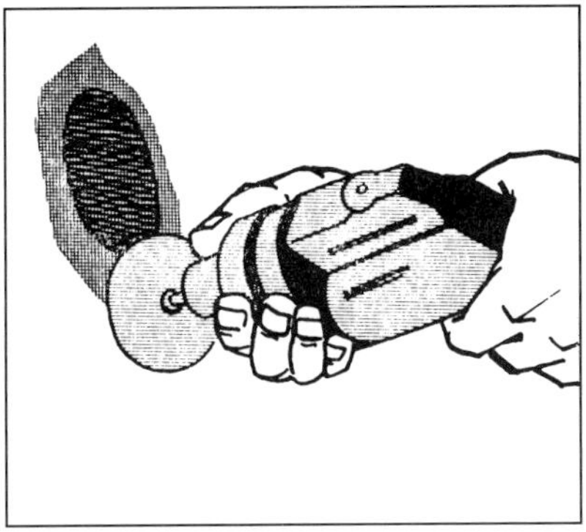

Abb. 49 Auch auf der Rückseite wird jetzt der Randstreifen aufgerauht.

Abb. 50 Auch hier laminiert man zwei bis drei Matten- und Gewebeteile naß in naß auf.

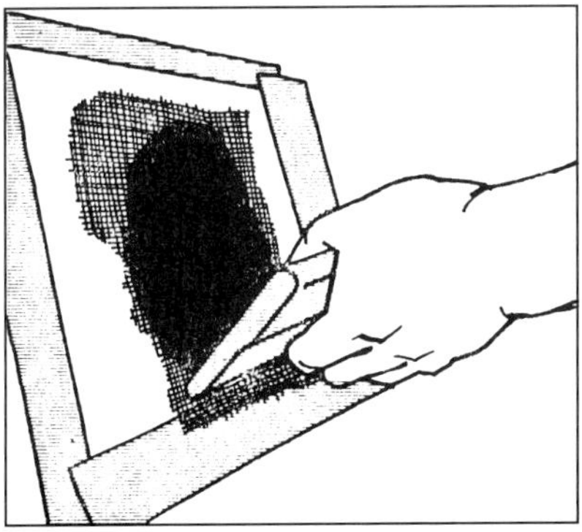

Abb. 51 Der Gummiabstreifer drückt Luftbläschen heraus.

Abb. 52 Mit einem Messer schneidet man überstehende Glasfaserränder ab.

Abb. 53 Glätten des Randes mit der Schleifscheibe.

Abb. 54 Mit der Fingerspitze (Gummihütchen empfehlenswert) trägt man die Feinschicht auf.

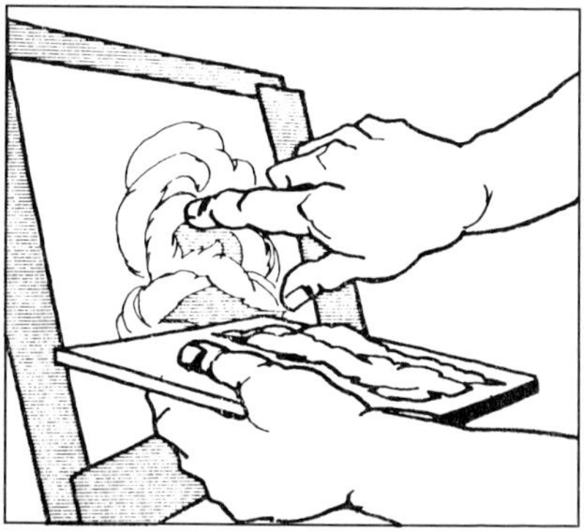

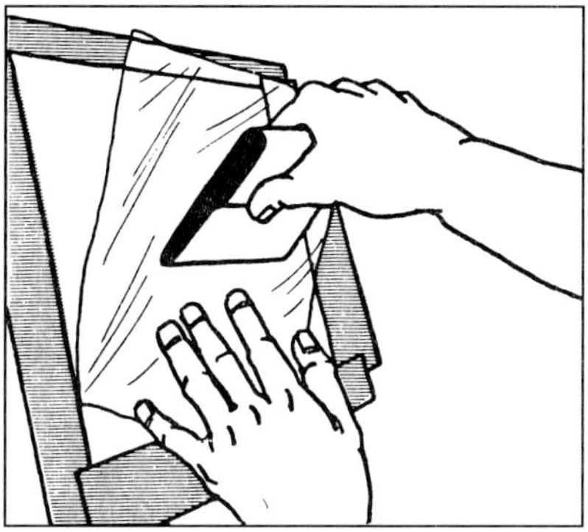

Abb. 55 Auch jetzt noch einmal mit Gummiabstreifer und Klarsichtfolie glätten.

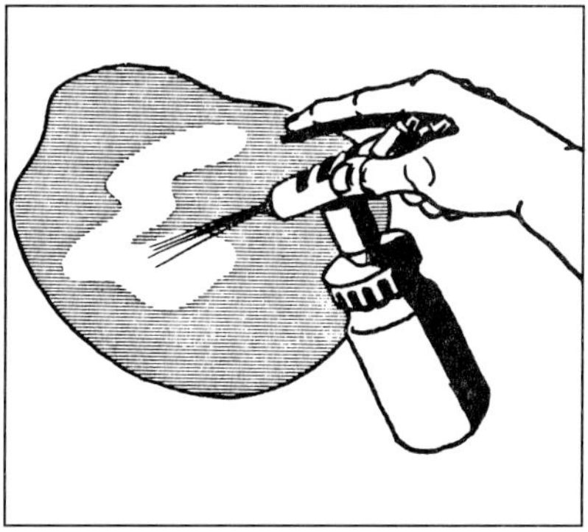

Abb. 56 Aufgesprühtes Harz muß geringere Viskosität haben und ausreichend verdünnt sein.

es schon bei den vorhergehenden Reparaturen lernten, und streicht ihn mit der Fingerspitze auf den Flicken (Abb. 54). Gut verreiben und sorgfältig alle verbliebenen Unebenheiten auffüllen.
Mit der Klarsichtfolie wird dann alles überdeckt und mit dem Gummiabstreifer noch einmal geglättet (Abb. 55). Wieder muß man einige Stunden warten, bis der Gelcoat ausgehärtet ist und sich die Folie entfernen läßt. Dann kann man gegebenenfalls noch einmal leicht naß überschleifen.
Bei größeren Schadensstellen empfiehlt es sich, den farbigen Gelcoat mit einem Spritzgerät aufzusprühen (Abb. 56). Man verdünnt ihn hierzu im Verhältnis 1:1 und gibt die entsprechende Menge Härter zu.

Riß in der Außenhaut – beidseitig erreichbar

Bevor man die Flicken bei einem Riß im Boot sinngemäß wie bei einem Loch einlaminieren kann, muß man meistens die auseinanderklaffenden Ränder wieder in die gleiche Ebene bringen (Abb. 57).
Der beschädigte Rumpf kann in allen Dimensionen verformt sein, und die Fahreigenschaften können unter der Reparatur beträchtlich leiden, wenn man die Verformung nicht vorher richtet.
Man schneidet sich einige schmale Holzstreifen, die breit genug über den Riß reichen, um sie mit einer Schraube zu verbinden (Abb. 58), oder wählt entsprechende Metallplättchen, die mit Bolzen und Muttern verbunden und angepreßt werden (Abb. 59).
Das Laminieren beginnt erst, wenn genügend Holz- bzw. Metallverbindungen im Abstand von 10 bis 15 cm über dem Riß hergestellt sind. Nach dem Aushärten der ersten Schichten setzt man die Klemmteile um, damit man zum Laminieren auch an die bisher nicht zugänglichen Stellen gelangen kann.

Loch im Boot – nur einseitig erreichbar

Schwieriger wird die Arbeit, wenn das Loch in einem Tank oder an einer anderen Stelle der Außenhaut entstanden ist (Abb. 60) und man den Schaden nur von einer Seite beheben kann. Aber auch dann kann man sich selbst helfen:
Entstand der Schaden an einer glatten und weitgehend ebenen Stelle, bringt man ein Stückchen Sperrholz in die Öffnung ein (Abb. 61), nachdem die Ränder wie in den Abb. 43 und 44 behandelt worden sind. Bei einem kleinen Durchmesser der Beschädigung hält man die Unterlegscheibe mit ihrer Halteschraube fest, bis die ersten Laminate angetrocknet sind, dann laminiert man weiter, und wenn anderentags alles durchgehärtet ist, zieht man die Schraube heraus. Der verbliebene Trichter wird (wie im Abschnitt „Oberflächen-Reparatur der Außenhaut“ behandelt und in den Abb. 38–41 gezeigt) mit Glasharz gefüllt.

Abb. 57 Auseinanderklaffende Ränder muß man zuerst wieder in die gleiche Ebene bringen.

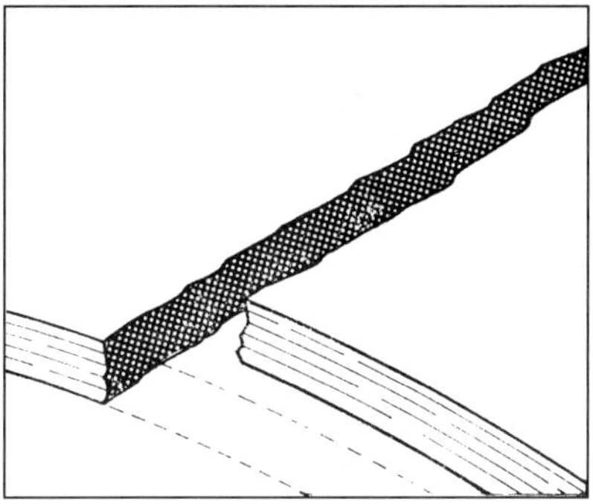

Bei größeren Durchbrüchen oder wenn man beide Hände zum Laminieren braucht, kann man die deckende Unterlegscheibe aus Holz oder Metall mit Hilfe der Halteschraube auch über einen Bügel (Abb. 61 C) fest verbinden. Man laminiert dann zuerst beide Seiten neben der Klemme, entfernt dann Bügel und Halteschraube und füllt unbehindert den Restbereich aus.
Wer eine Unterlegfläche aus Holz oder Metall an seinem Kunststoffboot nicht wünscht, kann diese auch aus Glasharz herstellen. Man schneidet sich entsprechende Flicken, die größer als das Loch sind, aber durch eine entsprechende Drehung noch hineinpassen (siehe Abb. 46), und laminiert sie aus 3 bis 4 Lagen auf einem Pappuntergrund zusammen. Dann bringt man 3 bis 4 Drahtschlingen (Abb. 61 B) in die Öffnung, legt den Flicken ein, zieht den Draht stramm und befestigt außen alles an 2 bis 3 Latten (Abb. 61 C). Jetzt beginnt das Laminieren von außen wie beschrieben.
Schwierig sind Beschädigungen an runden Stellen. Sind sie nur klein, so daß man noch 3 bis 4 Finger hineinstecken kann, legt man eine Glasmatte wie einen Beutel in die Öffnung (Abb. 62) und klebt sie außen am Rand fest. Der entstandene kleine Sack wird dann – je nach Größe – mit winzigen Flicken Gewebe ausgelegt und mit Harz getränkt oder mit einem gezupften Glasharzgemisch ausgefüllt (Abb. 63) und nach dem Aushärten übergespachtelt.

Abb. 58 Hierzu eignen sich hölzerne Laschen an der Ober- und Unterseite, die durch Schrauben verbunden werden.

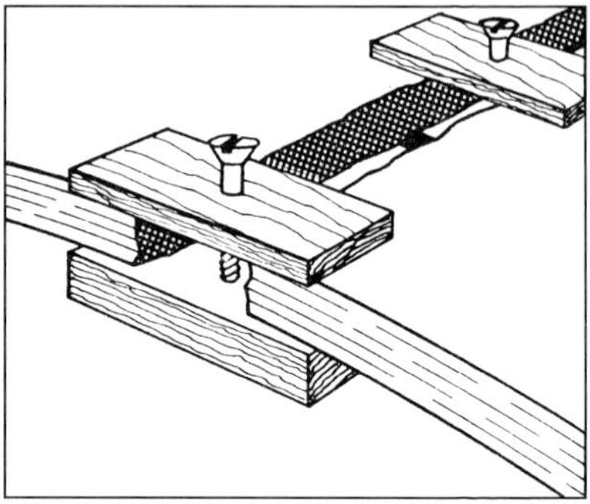

Abb. 59 Diese Klemmteile kann man auch aus Metallplättchen herstellen.

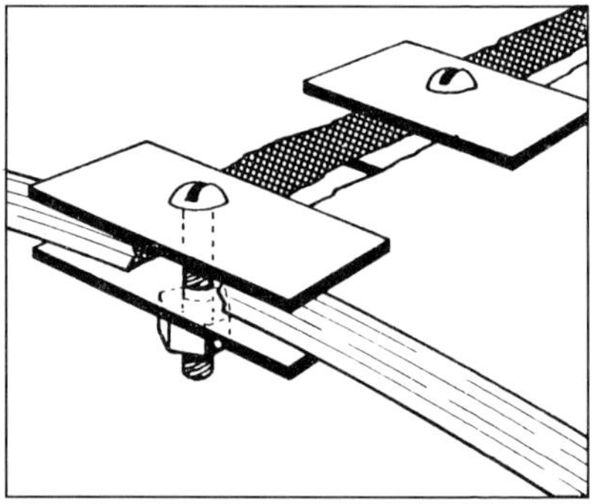

Abb. 60 Schwieriger sind Schäden zu beseitigen, die nur von einer Seite zugängig sind.

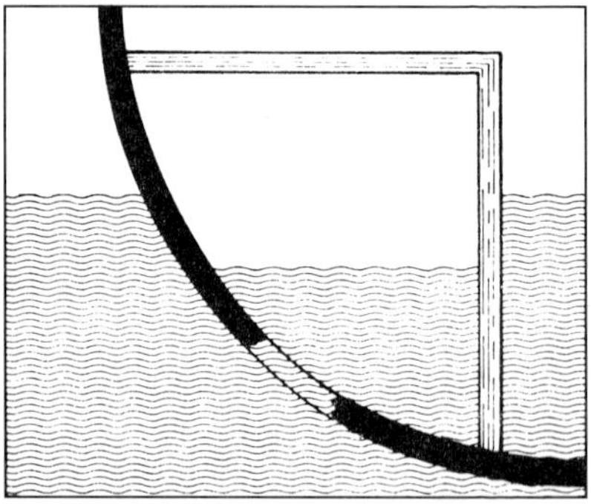

Abb. 61 Die Unterseite bei Schadensstellen, die nur einseitig erreichbar sind, läßt sich auf verschiedene Art herstellen:
– eine Holzplatte mit Schraube (A), die nach der Reparatur entfernt wird.
– Notfalls muß man sie durch Drahtenden verlängern (B), um die Unterlage besser festzuhalten.
– Längere Risse sichert man durch einen Oberbügel, in dem der Kopf einer Schraube ruht, dessen Gewinde gleichzeitig die Unterlage hält (C).

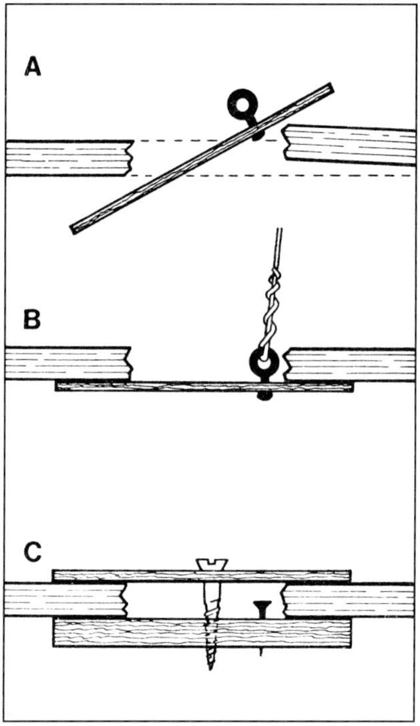

Abb. 62 Bei Beschädigungen an runden Bauteilen klebt man zuerst einen Beutel aus Glasmatte ein.

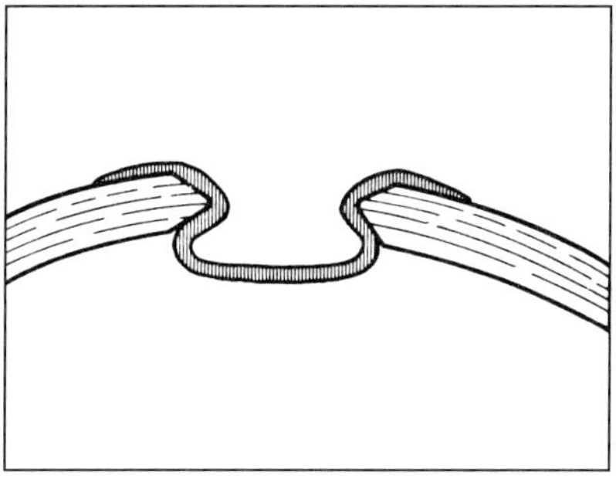

Abb. 63 Der Beutel wird anschließend mit Glasharz ausgefüllt.

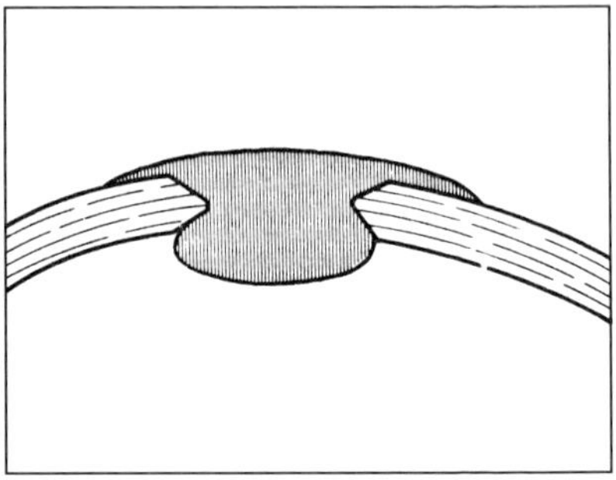

Abb. 64 Auch eine biegsame Leichtmetallplatte läßt sich als Unterbau für runde Schadensstellen verwenden.

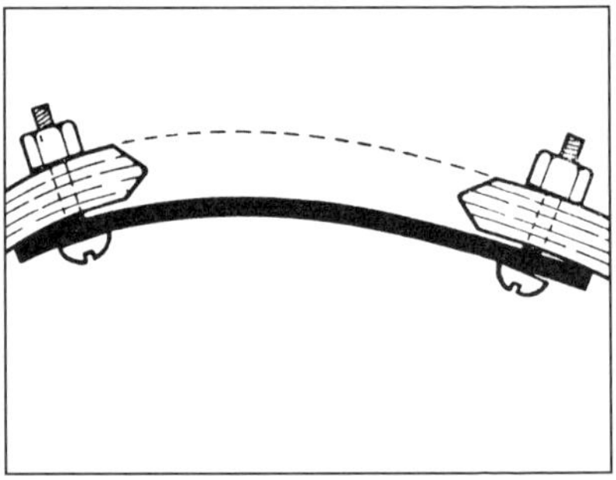

Bei größeren Schäden, z. B. in der Wasserlinie oder in der Kimm, legt man eine dünne Leichtmetallplatte unter (Abb. 64), die sich der Biegung flexibel anpaßt, und befestigt die Haltefläche seitlich mit Schrauben. Sie werden zum Schluß entfernt und die entstandenen Öffnungen ausgefüllt. Schwierig ist es, einen „Deckel" herzustellen, der nahtlos in die Öffnung hineinpaßt. Hierzu muß man sehr maßgenau arbeiten, nicht nur für die Fläche, sondern auch für die Seiten, und die Reparatur wird nur dann wieder zu einem dichten Boot führen, wenn man auch bei den Seitenteilen paßgenaue schräge Klebestellen fertigen konnte.

Reparatur von innen

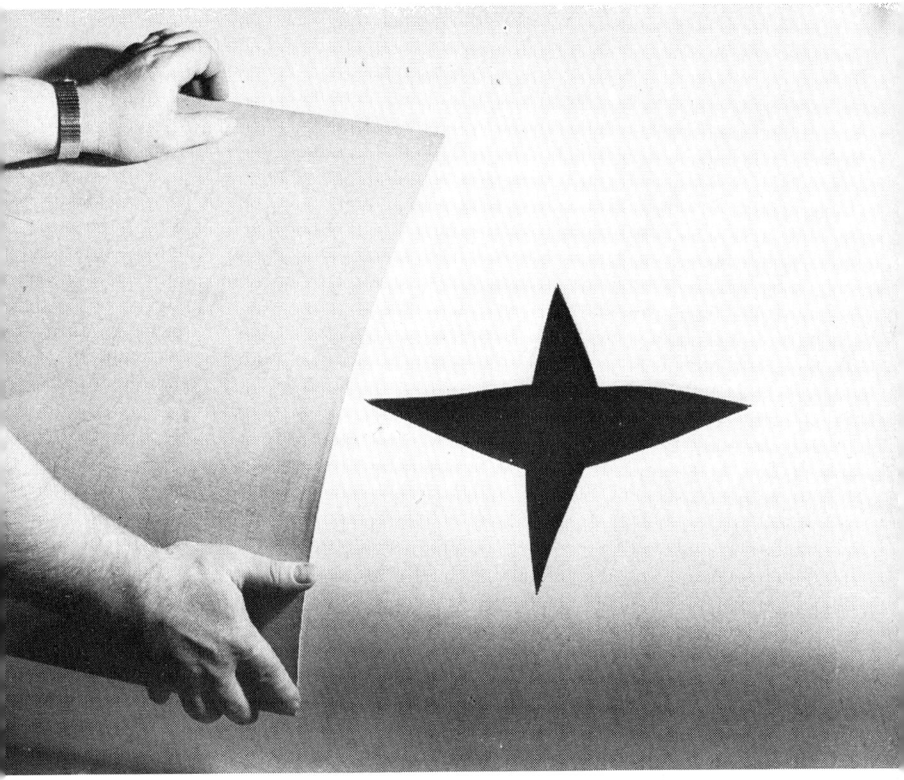

Bild 1

Die Bilder 1–4 erläutern die einzelnen Arbeitsgänge, wenn man von innen arbeiten und die Schadensstelle von beiden Seiten erreichen kann.

Reparatur von innen

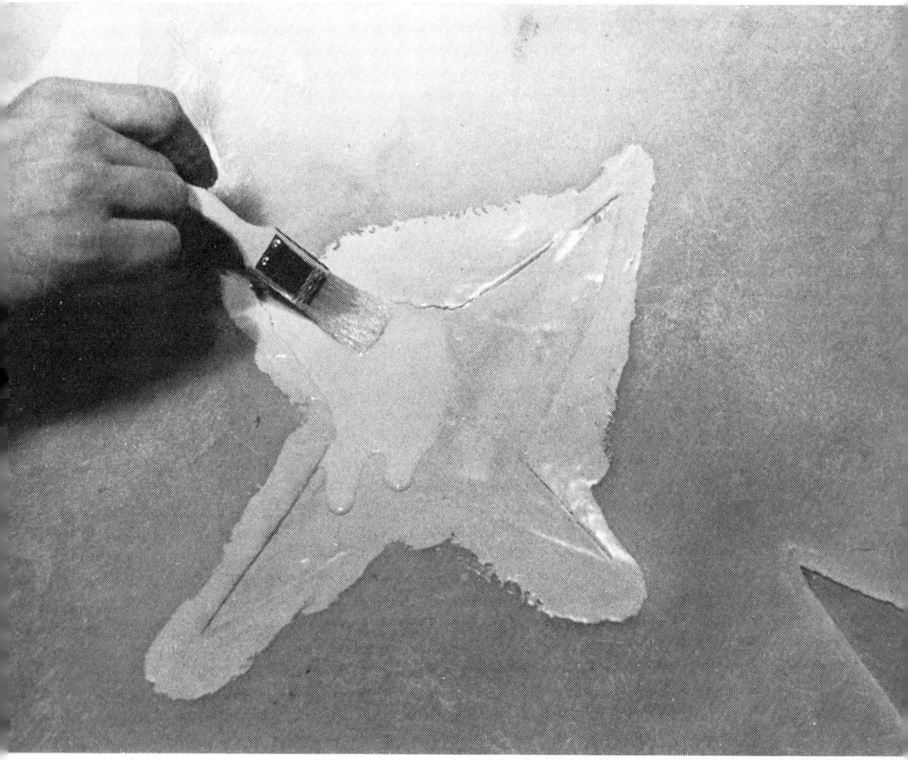

Bild 2

Reparatur von innen

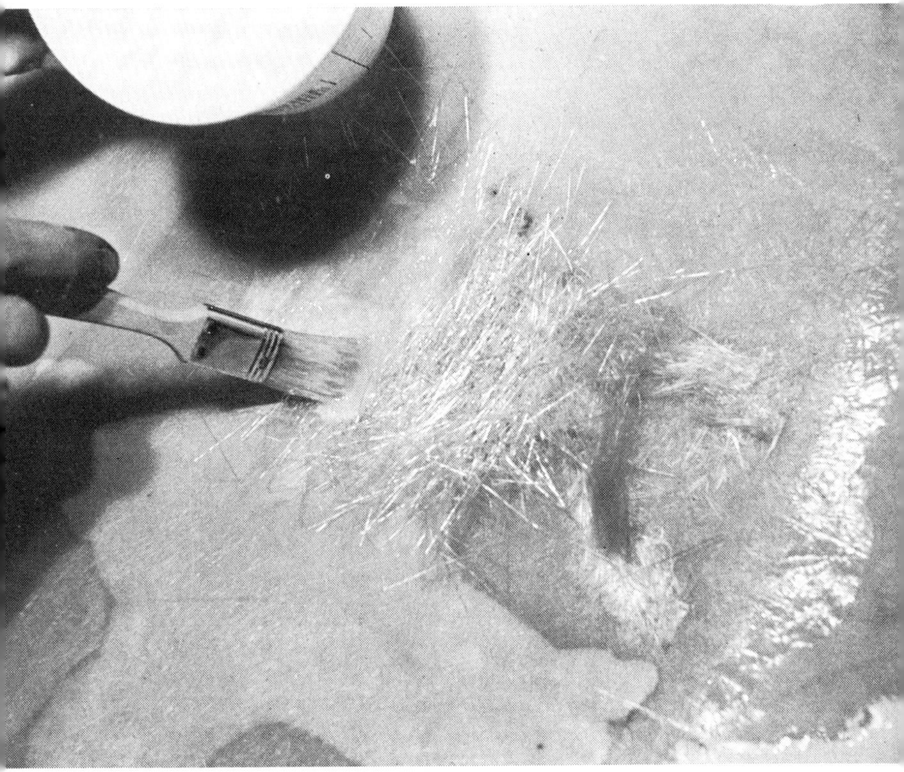

Bild 3

Reparatur von innen

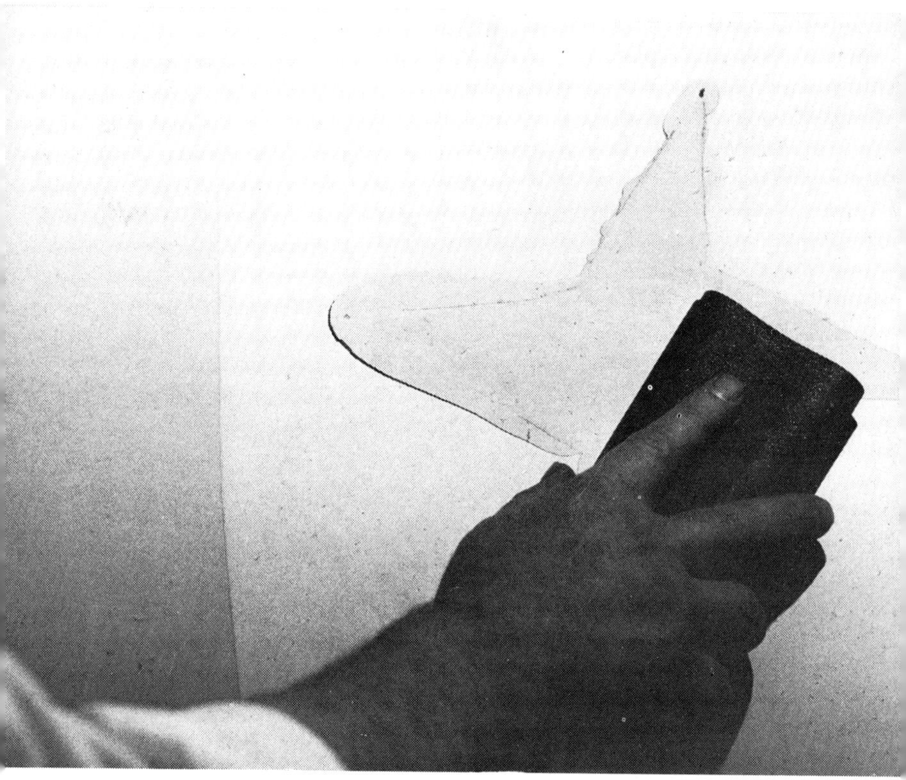

Bild 4

Reparatur von außen

Bild 5

Bilder 5–8: Ist die beschädigte Stelle nur von außen zu erreichen, überklebt man sie zuerst mit einem Flicken aus Folie und Glasmatten, ehe die Wandung verstärkt, die letzte Schicht sorgfältig geglättet und zum Schluß versiegelt wird.

Reparatur von außen

Bild 6

Reparatur von außen

Bild 7

Reparatur von außen

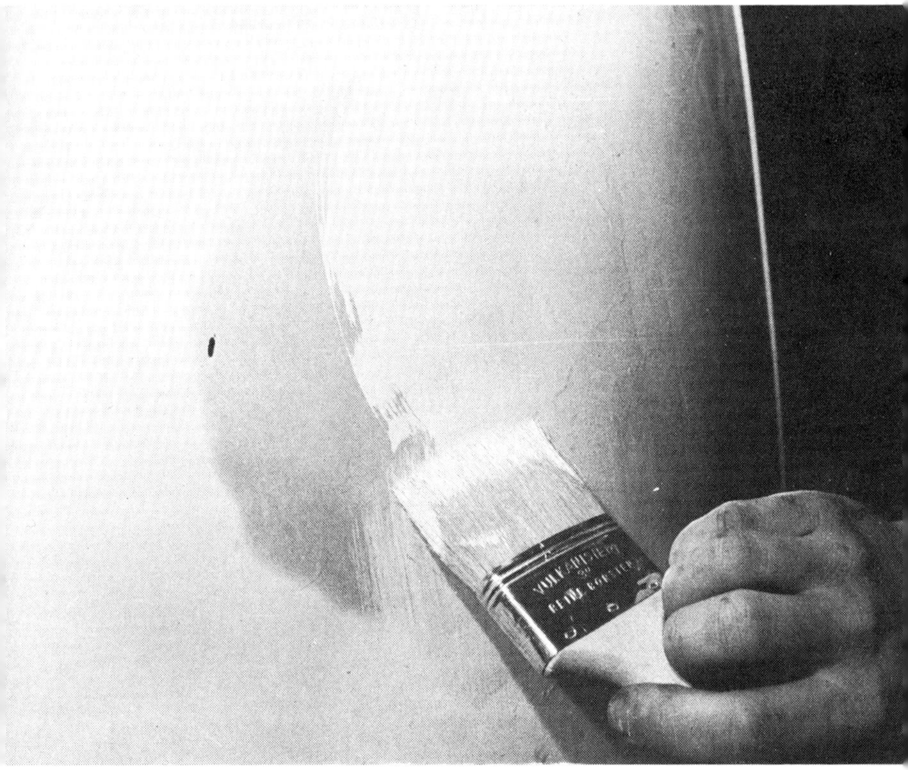

Bild 8

Schäden an Kanten: Deck–Rumpf, Rumpf–Spiegel oder in der Kimm

Schwieriger werden die Arbeiten, wenn horizontale und vertikale Bauteile gleichzeitig in Mitleidenschaft gezogen sind. Nicht die Verarbeitung bereitet uns hierbei Sorgen – das Laminieren haben wir ja jetzt gelernt. Aber es ist schwer, den Flicken an seinem Platz zu halten und die ursprüngliche Form des Bootes in zwei Ebenen wiederherzustellen.
Um diesen notwendigen Druck in der Rundung oder im Winkel zur Reparatur solcher Schäden zu erzeugen, können wir eine Teleskopstange (Abb. 65) als Innenstütze oder Schraubzwingen (Abb. 66) zum Klammern von Holzteilen benutzen, damit ein Streifen in der betreffenden Breite gebildet wird. Die gleichen Dienste leisten aber auch Klötze und Keile (Abb. 67), mit denen eine Stütze in Höhe des Decks oder anderswo befestigt wird, sowie Sperrholzklammern (Abb. 68), die man an einem Punkt oder an zwei Stellen neben dem Schadensbereich ansetzt und zwischen denen hölzerne Latten liegen, die man ebenfalls durch Keile strammhält.
Andere gute Dienste leisten Sandsäcke (Abb. 69), die man auf diese Stützen, Polsterklötze (z. B. am Kiel) oder direkt – nur durch eine Folie geschützt – auf die Reparaturstelle legt, oder Schablonen aus fester Pappe, Holz oder Metall, gegen die man (wiederum mit einer Folienzwischenschicht) direkt laminieren kann. Den Gegendruck des Zusammenhaltens erzeugt man durch Tauwerk (Abb. 70), das man um das ganze

Abb. 65 Für den nötigen Gegendruck sorgt eine Teleskopstange.

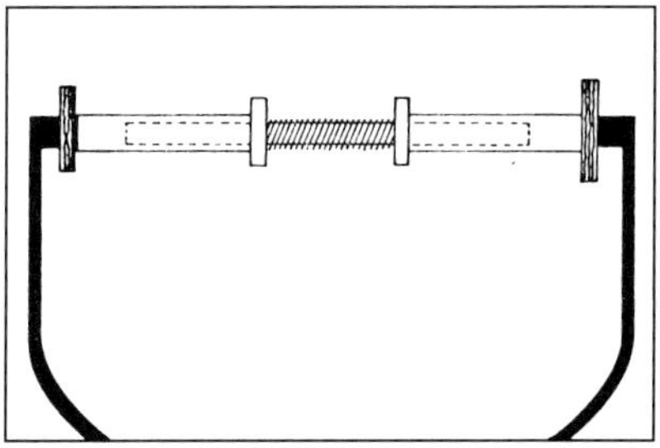

Abb. 66 Auch Latten mit Schraubzwingen lassen sich an bestimmten Stellen zur Versteifung benutzen.

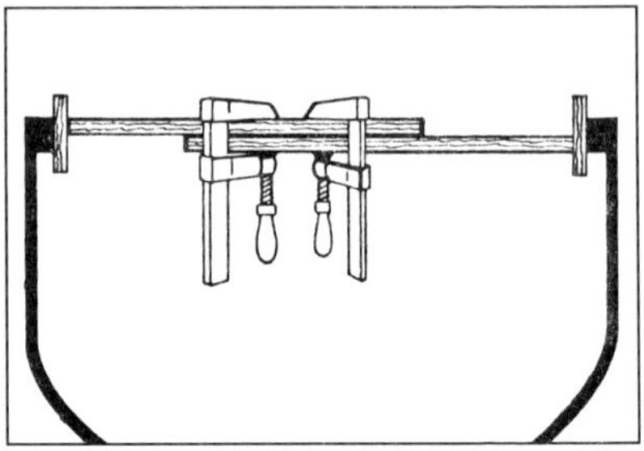

Abb. 67 Notfalls erfüllt der gute alte Keil die gleiche Aufgabe.

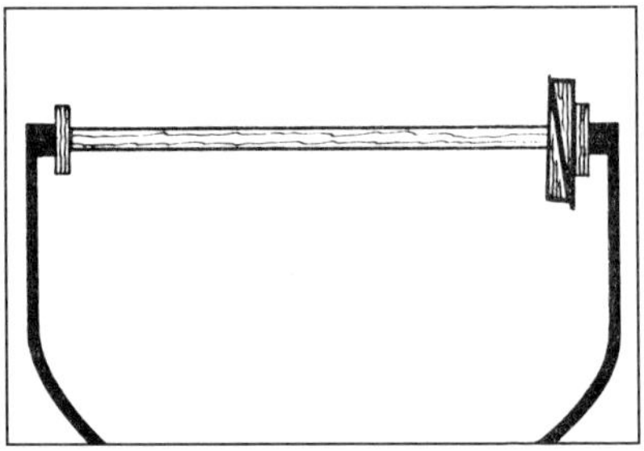

Abb. 68 Sehr praktisch sind Sperrholzklammern, die mit Hilfe von Keilen strammgepreßt werden können.

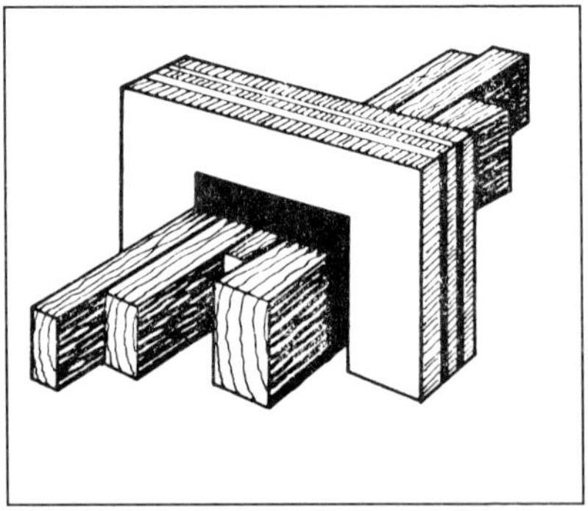

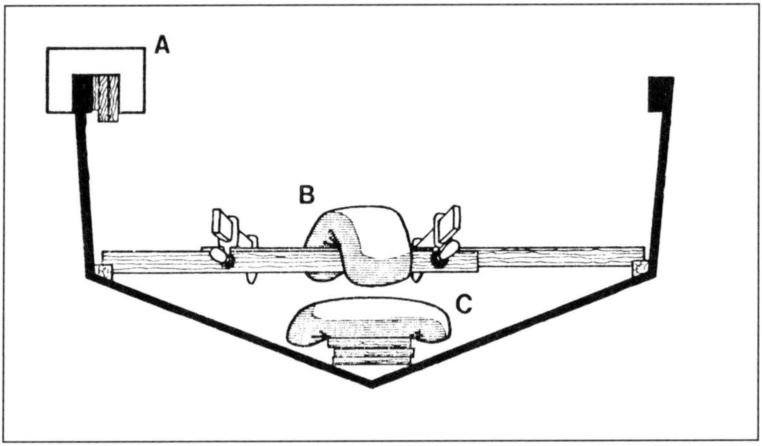

Abb. 69 So gibt es für jede Stelle an Bord eine Möglichkeit, um für den entsprechenden Preßdruck zu sorgen: Sperrholzklammer (A), Querstütze mit Sandsack (B) oder nur der Sandsack allein (C) mit und ohne Unterpolster.

Boot legt, und Knebel entweder neben der Schadensstelle oder sogar – wiederum mit Folie und einem Schaumgummiflicken geschützt – direkt über den neuen Laminaten.
Damit wäre eigentlich alles gesagt. So vorbereitet, kann man den beschädigten Bereich großzügig ausschneiden, die Kanten beschleifen und dann (wie im Abschnitt „Loch im Boot – beidseitig erreichbar" erläutert) mit gesundem Selbstvertrauen ans Werk gehen.

Nachbilden größerer Bauteile nach einer Havarie

Bei größeren Beschädigungen, die sich über einen Quadratmeter Fläche oder mehr erstrecken und dabei gleichzeitig noch in verschiedenen Dimensionen geformte Bauteile des Bootes zerstört haben, gibt es zwei Reparaturmöglichkeiten: Man läßt sich vom Hersteller des Bootes die entsprechende Vorschiffs-, Kiel-, Seiten- oder Hecksektion neu anferti-

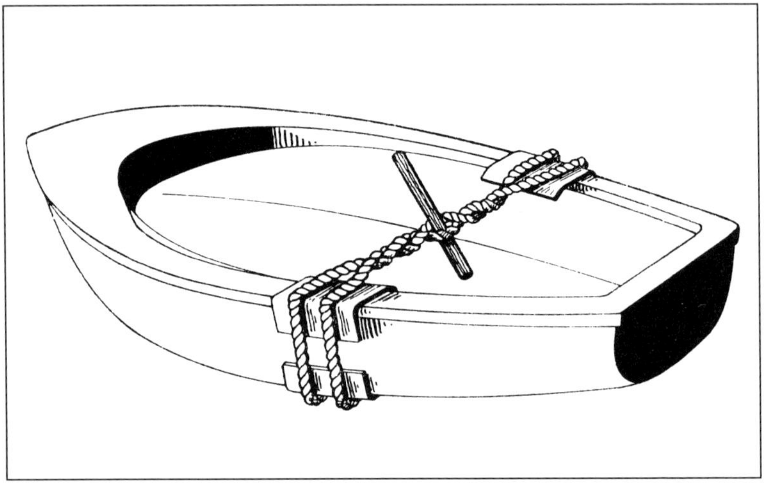

Abb. 70 Oft muß dem inneren Gegendruck durch äußeren Zug entgegengewirkt werden. Auch das erreicht man einfach durch Tauwerk mit Knebel.

gen und tauscht sie gegen den beschädigten Bereich aus, oder man macht sich selbst eine Form und laminiert diesen „Vorschuh" (notgedrungen) selbst – denn auch eine Kunststoffwerkstatt könnte nichts anderes tun. Eine Reparatur von der Innenseite des Bootes verbietet sich in fast allen Fällen, weil man komplizierte Formen in der schnell härtenden Glasmatten-Harz-Kombination kaum zufriedenstellend modellieren kann. Natürlich läßt sich ein beschädigter Hauptteil des Bootes, z. B. im Bereich der Kiel-Steven-Sektion eines Segelbootes oder am Vorsteven eines Motorbootes (Abb. 71), bei dem Außenhaut und Deck gleichermaßen zerstört sind, am besten in der ursprünglichen Bauform der Bootsfabrik reparieren. Dies ist aber meistens unmöglich: Die Bauschale kann bereits zerstört sein, weil der Typ nicht mehr gebaut wird, oder die Firma betreibt das Bootsgeschäft gar nicht mehr. Also muß man wohl oder übel zur Selbsthilfe greifen.

Mit der Säge schneiden wir zuerst die Ränder des Loches sauber (Abb. 72) und feilen dann die Bruchstelle einigermaßen glatt, so daß die

verbleibende Bootshaut an dieser Stelle ihre ursprüngliche Form behalten hat. Von innen bauen wir dann eine Rückwand aus Sackleinen oder Jutegewebe mit dahinterliegendem Maschen- oder Fliegendraht, verkeilen diese Wand sorgfältig und dichten gegebenenfalls die Verbindungsstellen zur Bootsschale mit Klebestreifen ab.
Wir kaufen dann eine entsprechende Menge Gips, tragen ihn in immer neuen Schichten auf das Jutegewebe auf (Abb. 73) und bilden die ursprüngliche Form des Bootes an dieser Stelle nach. Ein Stückchen Dachlatte oder ein Brett mit geraden Kanten leistet beim Glätten größerer Flächen gute Dienste und verhindert die Bildung von Bergen und Tälern in der schnell härtenden Gipsmasse. Mit dem Spachtel muß man oft Höhlungen ausfüllen, mit dem Schleifklotz Erhebungen einebnen. Hält die Gipsform jeder kritischen Betrachtung stand, versiegelt man die Oberfläche, poliert sie und läßt sie mindestens eine Woche lang gut durchhärten. Die gefährlichsten Bereiche sind die Verbindungsstellen zwischen Gips und Glasharz an den Rändern, die nahtlos und harmonisch von einem Werkstoff in den anderen überleiten müssen.
Nach diesen Vorbereitungen können wir die Matrize oder Form (Abb. 74)

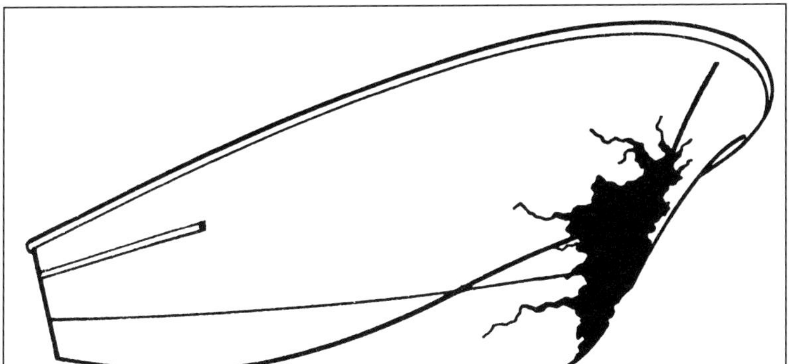

Abb. 71 Problematisch: Schäden am Boot, bei denen wichtige Bauteile in allen Dimensionen beschädigt sind.

fertigen, in der wir dann unser neues Bauteil laminieren. Wir bringen zuerst ein Trennmittel auf, damit wir die Kunststoffmatrize vom Gipskern abnehmen können. Filmbildende Trennmittel trägt man am besten mit dem Schwamm auf; sie ergeben eine glänzende Oberfläche. Wachshaltige Trennmittel lassen sich mit dem Lappen aufreiben; die etwas stumpfere Oberfläche läßt sich durch Nachpolieren verbessern. Auch Sprühdosen mit Trennmitteln sind erhältlich. Silikonölhaltige Trennmittel wie Bohnerwachs oder ähnliches sind nicht empfehlenswert. Mit dem Trennmittel bestreichen wir auch einen allseitig gut überlappenden Bereich der Bootshaut, über den die Matrize später reichen sollte.

Jetzt folgen ein feiner Gelcoat-Überzug mit dem Pinsel, das heißt ein satter Harzaufstrich, und dann – je nach Größe des Bauteils – drei bis vier Laminate aus entsprechend zugeschnittenen Stücken Matte und Gewebe (Abb. 74).

Ist die Matrize durchgehärtet, nimmt man sie ab (das Trennmittel erleichtert diese Arbeit). Jetzt hat man die Bauform erhalten (Abb. 75), in der man den durch die Havarie zerstörten Bootsteil neu laminieren kann. Auch jetzt streicht man zuerst ein Trennmittel ein, bringt dann die Gelcoatschicht auf und baut anschließend mindestens die gleichen Laminate auf, wie man sie auf der Bruchstelle erkannt hat. Gegebenenfalls müssen auch Verstärkungen einlaminiert werden. An so gefährdeten Stellen wie Kiel oder Steven ist ein entsprechendes Mehr von Laminaten oder Versteifungen immer angebracht.

Ist das neue Bauteil entformt, wird es an den Rändern über die verbliebene Bootshaut überstehen. Man hat es jetzt in der Hand, entweder das neue Bauteil an den Seiten abzuschneiden oder am Boot selbst noch verbliebene Teile wegzunehmen – je nachdem, welcher Laminataufbau von besserer Qualität erscheint. Wichtiger ist, einen möglichst unkomplizierten Verlauf der Stöße zu erreichen, damit man das neu geformte Bauteil auch richtig mit dem Boot verbinden kann.

Bessere Festigkeit gewähren schräg überlappende Kanten (Abb. 76), die man wie in Abb. 27 gezeigt herstellen kann. Einfacher ist es, die Stoßkanten weitgehend nahtlos abzuschneiden und V-förmig anzufeilen (Abb. 77), so daß man sie (wie in Abb. 58 und 59 gezeigt) durch Klammern

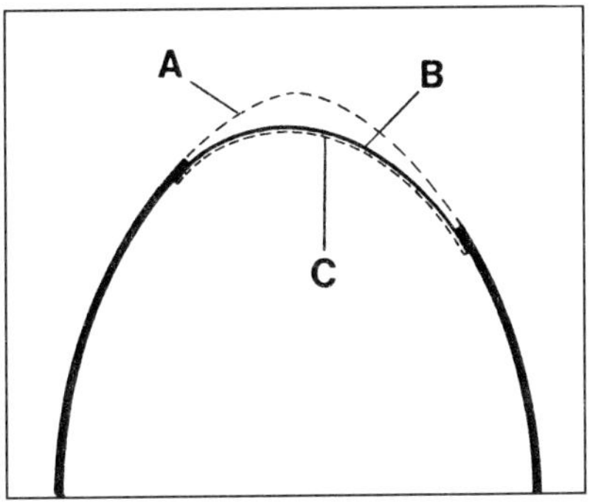

Abb. 72 Die beschädigte Bootshaut (A) muß ersetzt werden. Man baut eine Rückwand (B) aus Jutegewebe mit dahinterliegendem Maschendraht (C) zur Versteifung.

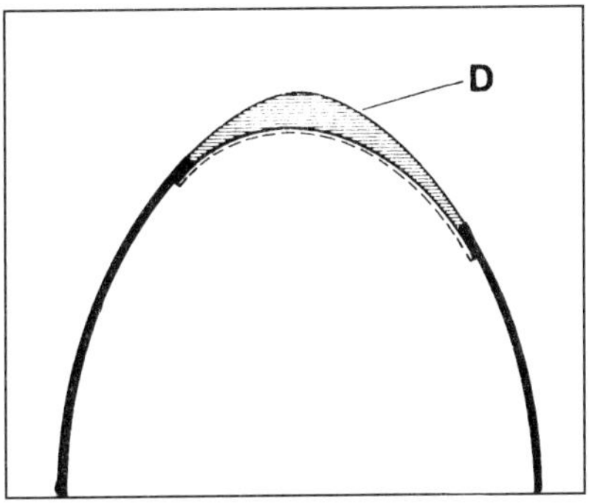

Abb. 73 Mit Gips (D) formt man den Bootsrumpf nach.

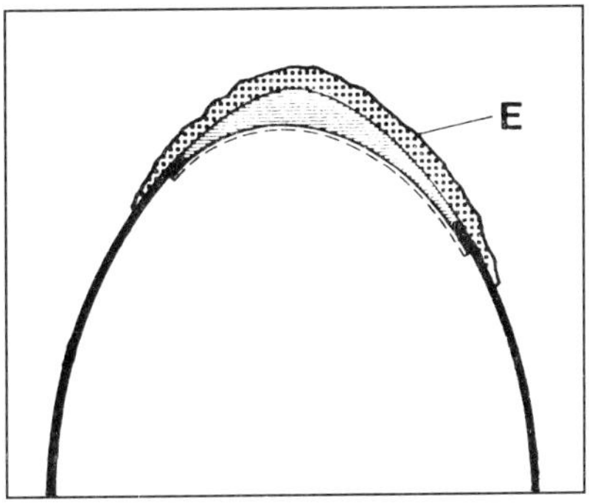

Abb. 74 Über der Gipsform wird dann eine Glasharzschale (E) laminiert, die als Form für das neue Bauteil dienen muß.

Abb. 75 In dieser Form (F) entstand das neue Ersatzteil (G).

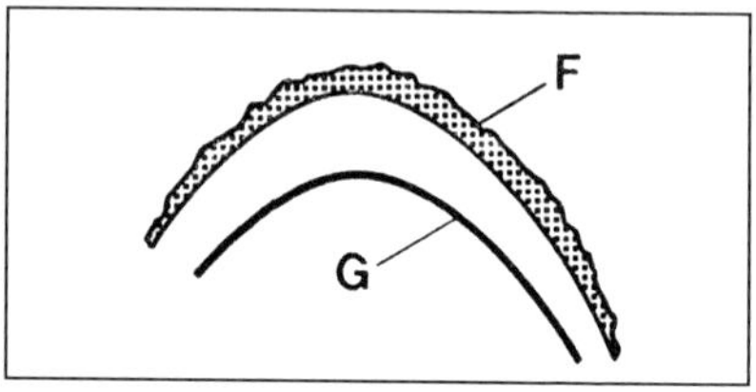

Abb. 76 Das Einsetzen mit Abschrägungen an der alten und neuen Kante erfordert große Paßgenauigkeit.

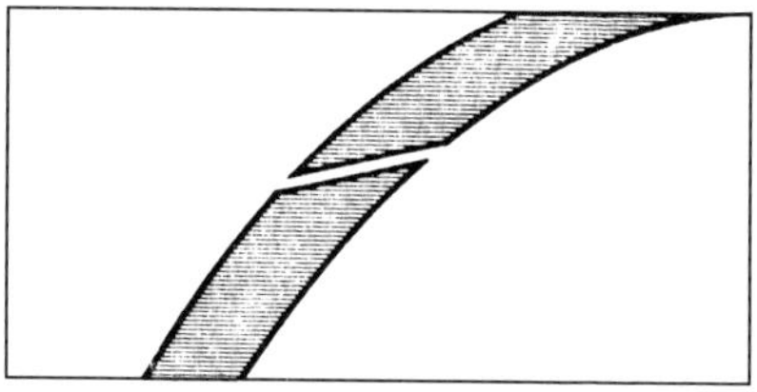

Abb. 77 Leichter ist die Verbindung durch Klammern.

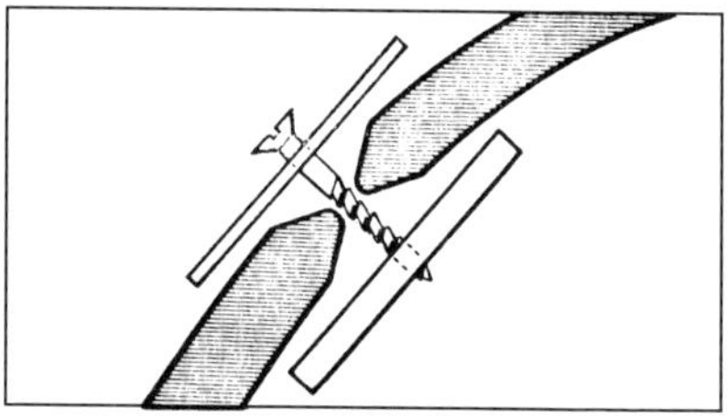

Abb. 78 Äußerlich ist die Nahtstelle nicht zu erkennen; nur innen bleibt eine Verdickung zurück.

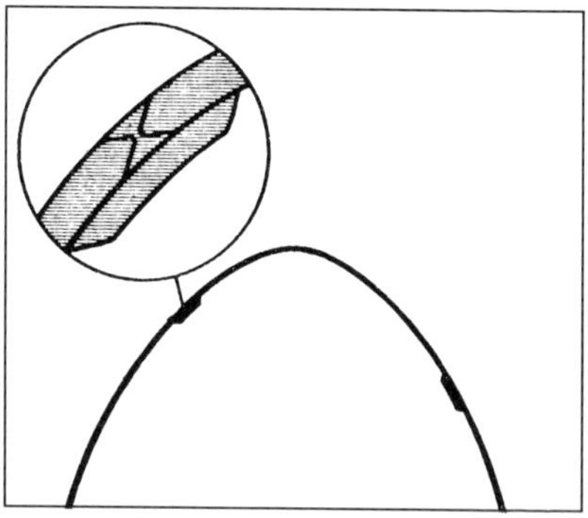

halten und anschließend verbinden kann. Entsprechende breite Stoßkanten auf der Innenseite (Abb. 78) sind notwendig, stören aber nicht. Da es meistens nicht möglich sein wird, mit dem neuen Bauteil auch die ursprüngliche Farbe zu ersetzen, muß man bei farbigen Booten meistens einen neuen Gesamtanstrich spendieren.
Auf diese Weise kann man praktisch jedes beschädigte Hauptteil eines Bootes ersetzen, auch über einen größeren Bereich. Tröstlich bei allen Schwierigkeiten: Die entsprechende Reparatur würde an einem Holz- oder Metallboot länger dauern und mehr kosten, weil ein örtlich so begrenzter Bereich meistens nicht ersetzt werden kann. Bei der Reparatur von Holz- oder Metallbooten muß man Teile ersetzen, die über einen wesentlich größeren Bereich hinausgehen.

Abgerissene Beschläge

Es wird oft vorkommen, daß durch Überbelastung oder durch unzureichende Verankerung durch den Hersteller Heißaugen und Klampen (z. B. beim Schleppen) oder Püttings sich aus ihren Halterungen lösen oder sogar ausreißen. Verglichen mit den bisherigen Kunststoff-Reparaturarbeiten ist die Beseitigung dieser Schäden ziemlich einfach.

Der Augbolzen ist ausgerissen

Ist ein Augbolzen ausgerissen (Abb. 79), laminieren wir rundum und ausreichend weit über den beschädigten Bereich zuerst einige Laminatschichten (Abb. 80) und betten darauf eine Stahlblechscheibe oder einen Holzblock, der die Last über einen großen Bereich verteilt. Der Augbolzen wird dann in die eng gebohrte Öffnung eingeschlagen und mit Scheibe und Mutter von innen befestigt. Man versplintet die Mutter, damit sich der Bolzen nicht aufdrehen und lösen kann.
Man kann Klotz und Scheibe auch zuerst auf die Außenhaut legen und dann mehrere Schichten darüber laminieren (Abb. 81); das ist im Prinzip dasselbe. Die Mutter innen mit einzulaminieren empfiehlt sich nicht; man

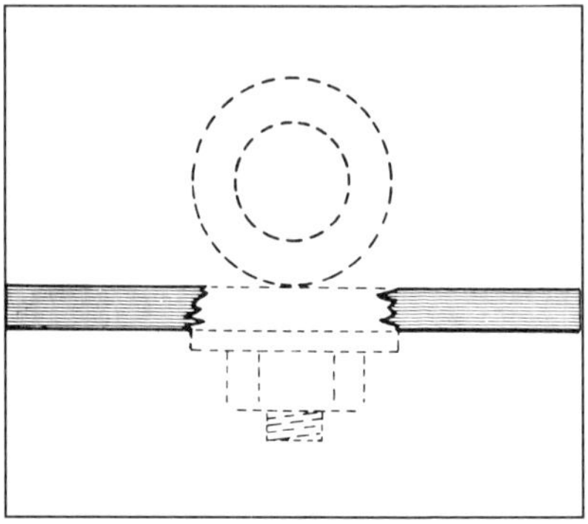

Abb. 79 Dieser Schaden tritt häufig auf: Ein Augbolzen ist ausgerissen.

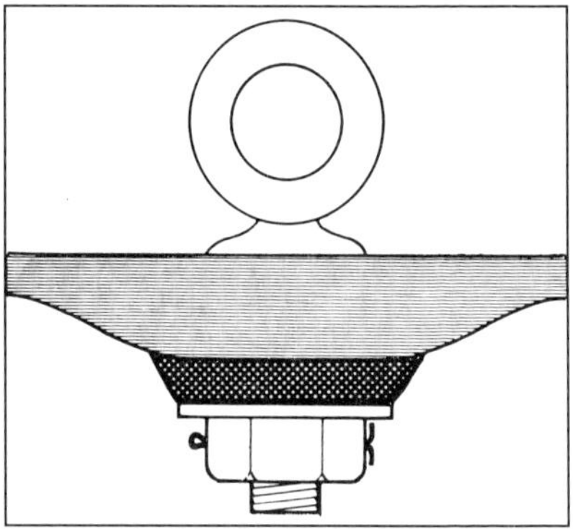

Abb. 80 Der Schaden wird repariert, die Kunststoffwandung im weiten Bereich unter dem Bolzenloch verstärkt und gegebenenfalls eine Holz- oder Stahlblechscheibe untergelegt.

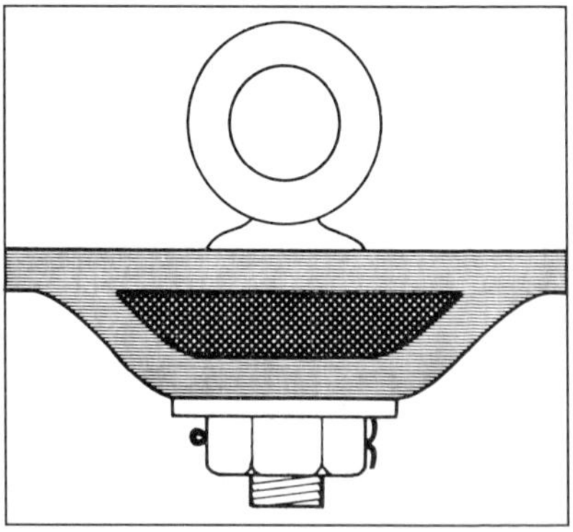

Abb. 81 Man kann diese Holz- oder Stahlblechscheibe auch mit in den Haltegrund einlaminieren.

kann dann den Beschlag nur auswechseln, wenn man das Laminat zerstört – ein einfaches Abschrauben ist nicht mehr möglich.
Bei Schleppösen oder Heißaugen (Abb. 82), die ohnehin meistens mehr belastet werden, empfiehlt sich eine Doppelkonstruktion, um die Belastung besser zu verteilen. Das Einlaminieren der Halteklötze ist dann praktischer.
Bei einem Doppelschalenbau empfiehlt es sich nicht, den Bolzen nur in der äußeren Bootshaut zu befestigen. Technisch ist diese Konstruktion zwar einwandfrei (vergleiche Abb. 80), aber praktisch ist sie nicht. Man kann nur dann an die Mutter gelangen, wenn die Innenschale entfernt ist, oder gar nicht mehr.
Auch wenn der Abstand zwischen beiden Bootsschalen relativ groß ist, fülle man ihn mit einem Holz- oder einem Schaumstoffklotz aus und führe den längeren Augbolzen bis zur Unterkante der Innenschicht (Abb. 83), wo das Gewinde Scheibe, Mutter und Splint erhält. Gut ist auch die Befestigung, wenn die Innenschale unter dem Beschlag eingebörtelt ist und hier (Abb. 84) direkt unter der Außenschale liegt.

Ausgerissene Klampe
Eine Klampe kann eigentlich nur brechen, wenn sie einfach durch die Außenhaut gebolzt oder geschraubt ist (Abb. 85 A). Einmal reicht die Haltekraft der flexiblen Kunststoffhaut ohnehin nicht aus, zum anderen muß (wie auch bei einem Holz- und Stahlboot) die Zuglast über einen größeren Bereich des Decks verteilt werden.
Man achte am besten bereits beim Bootskauf darauf, daß Klampen mit einem solchen Holzblock oder Metallstreifen unter Deck verbunden sind (Abb. 85 B) oder wenigstens zur Verstärkung einige zusätzliche Laminate im weiten Bereich unter dem Beschlag (Abb. 85 C) erhalten haben. Sowohl bei neuen Booten wie zur Reparatur empfiehlt es sich nicht, diese Verstärkung (meistens erfolgt sie naß in naß) vor dem Befestigen unter die Klampe und auf das Deck zu legen (Abb. 86 B). Bei einseitiger Überlastung kann die Klampe jetzt zwar nicht ausreißen, aber ihre Einbettung bleibt flexibel (Abb. 86 A). Leckstellen werden die Folge sein.

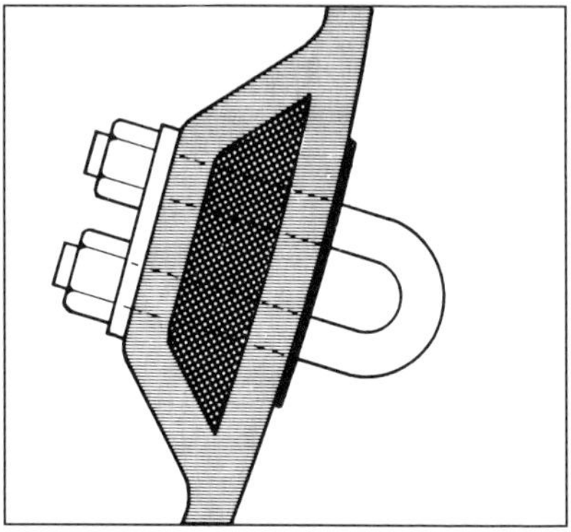

Abb. 82 Für Schleppösen oder Heißaugen mit großer Belastung empfiehlt sich eine Doppelkonstruktion mit zwei Muttern.

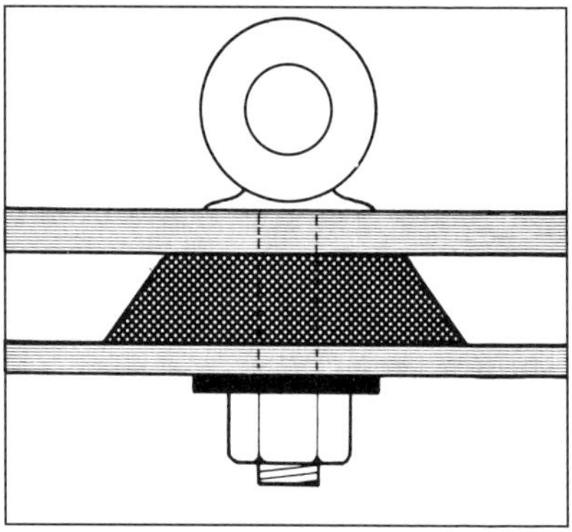

Abb. 83 Bei einer Sandwich-Konstruktion oder einem Doppelschalenbau muß jeder Beschlag in beiden Schalen verankert sein.

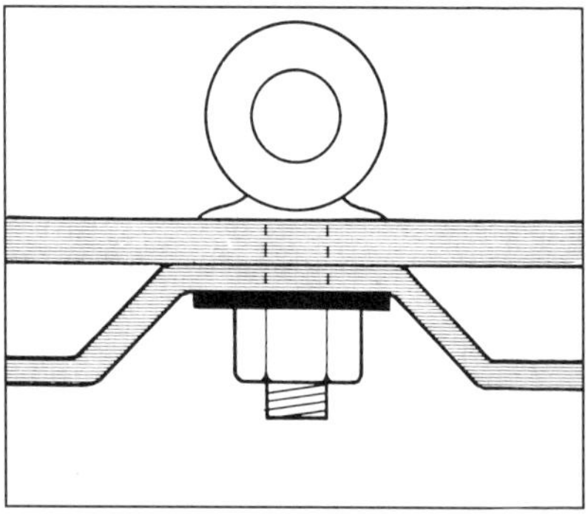

Abb. 84 Wählt man keinen Halteklotz zwischen beiden Bootsschalen, kann die Innenschale auch entsprechend geformt sein und an der Außenschale im Beschlagsbereich anliegen.

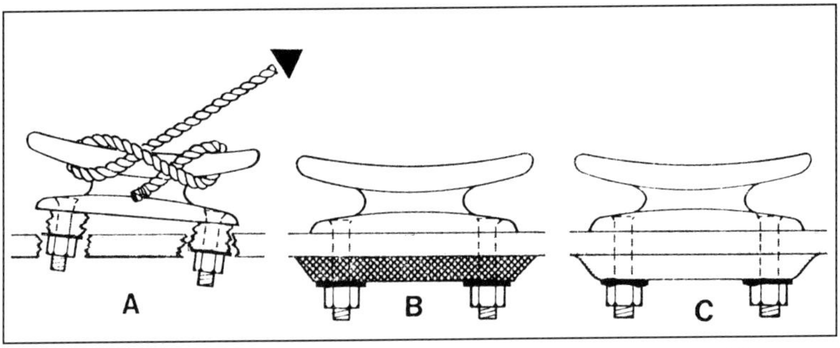

Abb. 85 Bei ausgerissenen Klampen (A) setzt man entweder einen Klotz unter (B) oder laminiert Verstärkungen über einen Seitenbereich (C) ein.

Empfehlenswert sind – wenn diese Außenverstärkung gewünscht wird – nur flexible Einbettungen (Abb. 86 C), die nachgeben können, ohne abzureißen.

Ist der gesamte Beschlag ausgerissen und hat er seine Einbettung mitgenommen, laminiert man die in Abb. 80–84 gezeigten Verstärkungen unter das Deck und schraubt anschließend die Klampen wieder fest. Die Mutter mit Splint sichern!

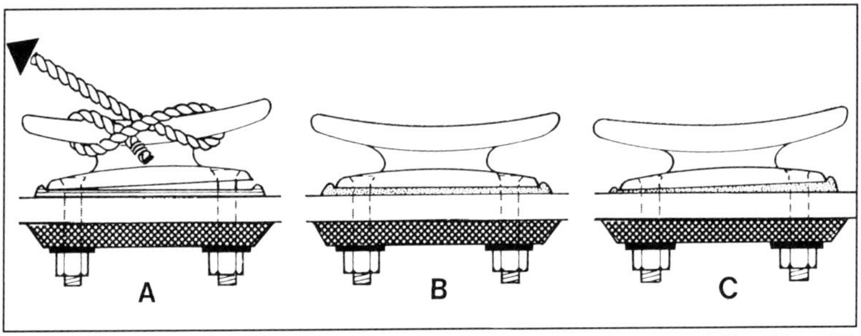

Abb. 86 Ein zusätzliches Laminat zwischen Oberkante Deck und Beschlag (B) empfiehlt sich nicht, da dann der Beschlag bei Belastung arbeiten kann (A). Nur eine flexible Einbettung (C) mit den entsprechenden Materialien gleicht diese einseitigen Belastungen aus.

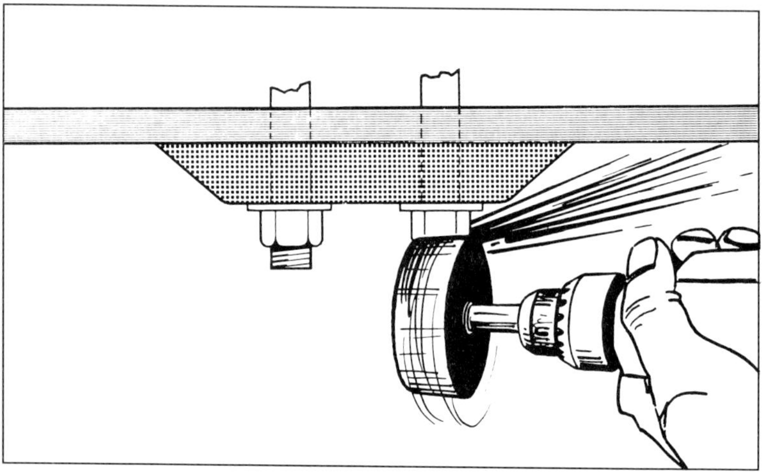

Abb. 87 Ist der Beschlag selbst gebrochen, muß man die Bolzen entfernen.

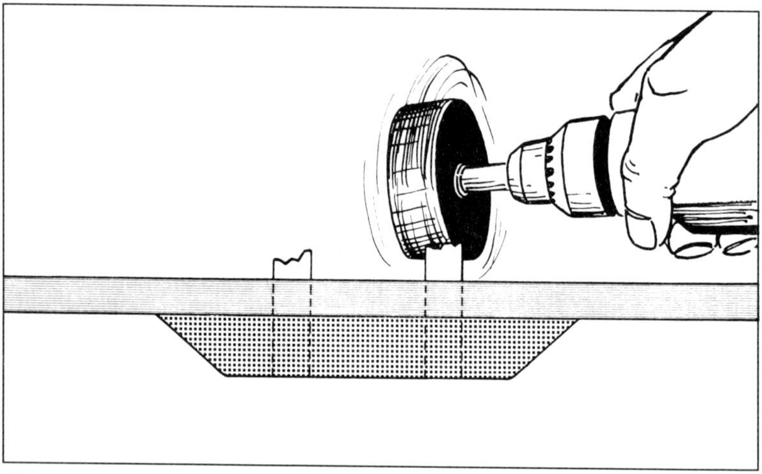

Abb. 88 Die Stummel schleift man auch über Oberkante Deck ab.

Gebrochene Klampe

Ist der Beschlag selbst gebrochen und bleiben die Stummel der Bolzen im Deck zurück, rasiert man mit der Schleifscheibe die Muttern mit den Bolzenenden ab (Abb. 87), so daß man den beschädigten Beschlag ganz abnehmen kann. Völlig entfernen muß man die einlaminierten Haltebolzen nicht. Es genügt, wenn anschließend die verbliebenen Stummel über Oberkante Deck ebenfalls mit der Schleifscheibe beseitigt werden (Abb. 88). Man wählt dann eine größere Bodenplatte für den Ersatzbeschlag, die den alten Haltegrund voll überdeckt, klebt einen Glasharzflicken aus mehreren Laminaten unter diesen breiteren Bereich und befestigt die Klampe mit Bolzen und Muttern in der üblichen Manier (Abb. 89).

Vorteilhaft: Wenn man Muttern und Scheiben unter Deck nicht mit einlaminiert, kann man die Befestigung bei einem zukünftigen Austausch des Beschlages ohne Schwierigkeiten lösen.

Verstärkung von Püttingeisen

Bei Püttingeisen verteilt man die Belastung durch Glasseidenstränge über einen größeren Bereich. Man bohrt zuerst in das Püttingeisen eine genügende Anzahl von Löchern (ohne die Festigkeit des Eisens zu gefährden) und legt durch diese Öffnungen unterschiedlich lange, gebündelte Glasseidenfäden, die sternförmig über einen weiten Bereich der Außenhaut verteilt werden (Abb. 90 A). Dann laminiert man alles mit Matten und Geweben ein, beginnt mit großen Teilen und läßt sie (wie eine niedrige, stumpfe Pyramide) immer kleiner werden (Abb. 90 B). Der Beschlag hat jetzt auch ohne Durchbrechungen der Außenhaut eine gute Haltefestigkeit, weil er praktisch fest zwischen zwei Kunststoffwangen (Abb. 90 C) liegt.

Sinngemäß kann man auch andere Reparaturen an Bord oder sogar bauliche Veränderungen machen.

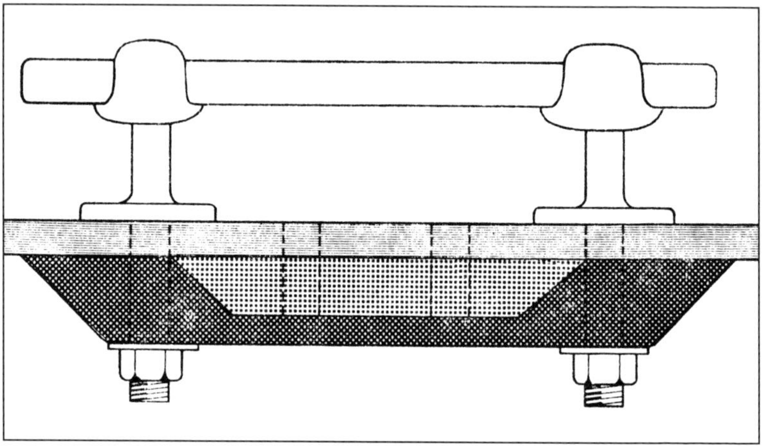

Abb. 89 Der neue Beschlag mit einem größeren Bodenstück wird dann befestigt und der alte Halteklotz hierbei voll mit einlaminiert.

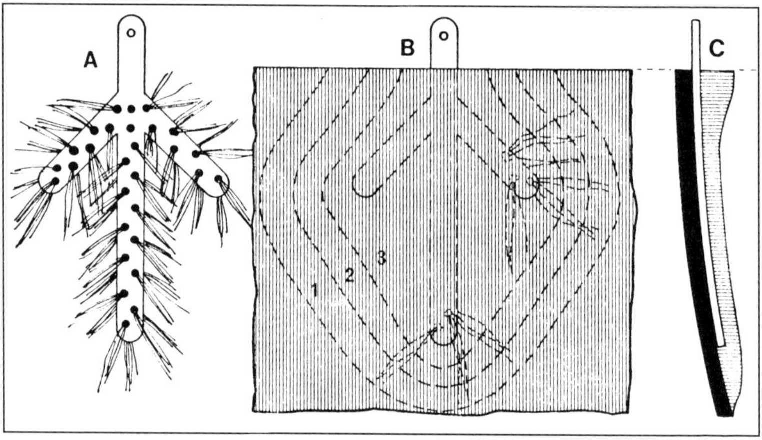

Abb. 90 Püttingeisen müssen mit ihren Glasseidenverstärkungen über einen weiten Bereich der Bootshaut reichen (A). Sie erhalten eine pyramidenförmige Verstärkung von mehreren Laminaten (B). Der Beschlag ruht dann zwischen zwei festen Kunststoffwangen (C).

Beschichten mit Glasharz

Mit Hilfe von Polyester- und Epoxidharzen sowie Glasmatten und -geweben kann man Bootsrümpfe aus allen Werkstoffen (Holz, Metall, Beton) beschichten und damit die jährlichen Pflegekosten vermindern. Auch schadhafte oder alte Bootsrümpfe, Brennstoff- und Wassertanks oder Decksflächen können durch eine Beschichtung wieder wasserdicht werden, eine Korrosionsbeständigkeit erhalten oder eine größere Festigkeit gewinnen.

Die Thematik des Buches verbietet es, solche Beschichtungen in allen Einzelheiten zu beschreiben. Ich kann hier nur die Möglichkeiten aufzeigen, die sich überhaupt im Bootsbau und in der Bootspflege bieten. Spezialfirmen liefern zu dem notwendigen Material im allgemeinen auch detaillierte Anweisungen, nach denen der Bootseigner gut arbeiten kann.

Vorbehandlung des Untergrundes

Bei sämtlichen Beschichtungen achte man zunächst auf einen einwandfreien Untergrund. Auch die beste Beschichtung kann nach kurzer Zeit brüchig werden, wenn sie auf einen schlechten Untergrund gebracht wird. Untergrund und Beschichtung muß man immer als Einheit ansehen, bei der das schwächste Glied in der Kette des Gesamtaufbaus für die Qualität der Beschichtung maßgebend ist. Handwerkliche Fertigkeiten und eine exakte Beachtung der Verarbeitungsrichtlinien sind gleichermaßen Bedingung für das Gelingen einer Glasharz-Beschichtung.

Stahlboote oder -bauteile

Die Stahloberfläche muß vor der Beschichtung von Fett-, Öl- und Farbresten sowie Rost befreit werden, da diese Verunreinigungen die Haftung vermindern. Bei kleinen Bauteilen, die man tauchen kann, empfiehlt sich ein chemisches Reinigungsverfahren: Am leichtesten entfernt man anhaftende Rückstände mit organischen Lösungsmitteln, wie z. B. Trichloräthylen.

Besser ist eine mechanische Vorbehandlung durch Schleifen oder Sandstrahlen. Mechanisch angetriebene Schleifscheiben haben meistens nicht die gewünschte Wirkung, da sich leicht Rost in den Poren festsetzen kann. Bereits kleinste Rostspuren können schon als Keimzellen für neue Korrosionsherde wirken. Sandstrahlen hat daneben den Vorteil, daß auch eine Aufrauhung des Untergrundes erreicht wird, die für eine gute mechanische Verankerung der nachfolgenden Beschichtung förderlich ist.

Aluminiumboote oder -bauteile

Zur Vorbehandlung von Aluminiumbauteilen eignet sich am besten ein Ätzbad, das mit einer Temperatur von ca. 65°C 30 Minuten auf die Bauteile einwirken muß. Es setzt sich aus 27 % konzentrierter Schwefelsäure, 7,5 % Natrium-Bichromat und 65,5 % Wasser zusammen. Anschließend wieder gut mit Wasser abspülen und Aluminium trocknen, nach Möglichkeit bei Temperaturen von 50 bis 60°C.

Verzinkte Boote oder Bauteile

Die Beschichtung von verzinkten Blechen ist schwierig, da die Oberfläche nie ganz gleichmäßig aufgebaut ist. Die Haftfestigkeit entspricht meistens nicht den Anforderungen. Eine gute Verbindung auf vorwiegend mechanischer Verankerung zwischen der Zinkoberfläche und der

Beschichtung ist eigentlich nur möglich, wenn das Metall mechanisch stark aufgerauht und zusätzlich entfettet ist.

Kunststoffboote oder -bauteile

Die Beschichtung von Kunststoffflächen mit Kunststoffen erscheint auf den ersten Blick paradox, kommt jedoch vor: wenn z. B. nicht armierte Kunststoffe durch glasfaserverstärkte Kunststoffe beschichtet und dabei die Wandungen gleichzeitig gefestigt bzw. relativ weiche Oberflächen durch Beschichtung mit Epoxidharzen härter werden sollen. Bedingt durch die Vielzahl der Materialien, die unter dem Sammelbegriff „Kunststoffe" segeln, empfiehlt sich jedoch ein Vorversuch, ob die Beschichtung auf dem betreffenden Kunststoff auch nach der Vorbehandlung einwandfrei haftet.

Holzboote oder -bauteile

Die Beschichtung von Holz und insbesondere von stark harzreichem Holz ist problematisch. Dennoch wird auch in Zukunft die Kunststoff-Beschichtung von Vollholz- bzw. Sperrholzbooten am häufigsten vorkommen: Holz war früher der vorherrschende Bootsbaustoff, und Sperrholz wird auch weiterhin von Selbstbauern benutzt werden. In der Vergangenheit erzielte man auch im Serienbau ausgezeichnete Ergebnisse beim Beschichten von Sperrholzbooten mit glasfaserarmierten Polyester- und Epoxidharzen.

Betrachten wir die Beschichtung von Holzbooten daher ausführlicher. Vollholzboote dürfen jedoch nicht beidseitig beschichtet werden, da sonst die Trockenfäule das luftdicht eingebettete Holz zerstört. Vor der Beschichtung müssen sie mindestens drei Monate lang gut ausgetrocknet werden.

Mit Hilfe von Schleifpapier und chemischen Lösungsmitteln entfernt man vorhandene Farb-, Teer-, Wachs-, Öl- oder Fettreste. Die Oberfläche darf

Abb. 91 Beim Beschichten (eines Holzbootes) trägt man zuerst einen dünnflüssigen Haftvermittler und anschließend (bei sehr durstigen Booten) noch ein etwas viskoseres Grundierharz auf.

nicht glatt poliert sein. Daher rauht man den Untergrund mit grobem Schleifpapier auf. Mit Pinsel oder Rolle (Abb. 91) trägt man dann entweder einen Haftvermittler (ca. 200 g/m^2) oder das viskosere Grundierharz (ca. 300 g/m^2) auf, dem Härter und Beschleuniger zugesetzt sind. Dieses dünnflüssige Material dringt in die Poren des Holzes ein und bildet eine gute Haftbrücke.
Die Anzahl der Glasseidenschichten ist von der Bootslänge abhängig: Bis 6 m reichen je eine Schicht Matte (450 g/m^2) und Gewebe (ca. 200 g/m^2). Ab 6 m laminiert man zwei Lagen Standardmatte und eine Lage Gewebe, ab 10 m Bootslänge ist außerdem mindestens ein Rovinggewebe (900 g/m^2) in wenigstens 4 Laminaten notwendig.
Matten, Gewebe und Rovings müssen vorher zugeschnitten werden, ehe man sie ausrollt (Abb. 92) und in die mit dem Pinsel oder Plüschroller aufgetragene Harzschicht einlaminiert (Abb. 93). Durch ständiges Tupfen mit einem hartborstigen Pinsel oder durch mehrfaches Rollen entfernt man die Luftblasen. Die Glasmatte muß am Untergrund fest und faltenfrei anliegen und mit dem Harzgemisch satt getränkt sein. Hierbei hilft ein Gummiabstreifer als Handwerkszeug (Abb. 94).
Um Überlappungen an den Stoßkanten zu vermeiden, kann man die ent-

Abb. 92 Das aufgerollte, zugeschnittene Glasgewebe wird aufgelegt und von der Mitte zu beiden Seiten fest angestrichen, ehe man es weiter aufrollt und wieder in Richtung der fetten Pfeile in das Harz drückt. Handschuhe schützen vor dem Sticheln der Glasseiden wie den Hautreizen des Harzgemisches.

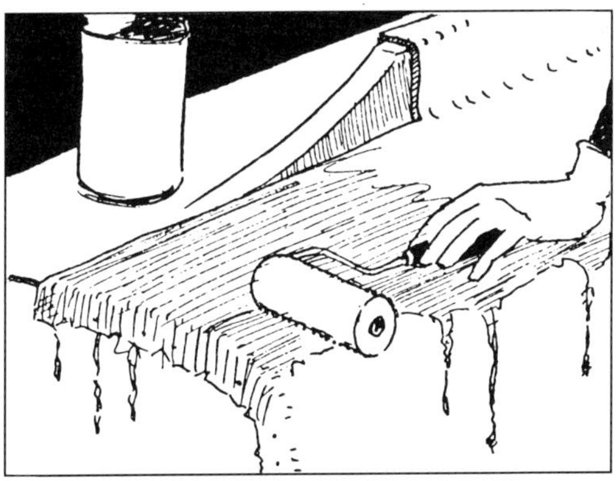

Abb. 93 Mit der Rolle trägt man die nächste Harzschicht fett auf.

Abb. 94 Der Gummiabstreifer hilft, die Luft aus dem Laminat herauszudrücken und die harzgetränkte Matte fest an den Bootsrumpf zu pressen.

sprechenden Kanten auch mit einer hartborstigen Bürste ausfransen und sie dann gefahrlos ohne Verdickung übereinander legen (Abb. 95). Am Kiel läßt man die Lagen vorteilhaft überlappen (Abb. 96). Wo die Lagen von der Außenhaut über Spiegel oder Deck reichen müssen (Abb. 97), schneidet man die Ränder ein und beschleift sie nach dem Aushärten und vor dem Aufbringen der Gegenlage.
Bei der Verarbeitung muß man aufpassen: Man darf nur so viel Harz mit Härter versetzen, wie man in ca. 15 Minuten verarbeiten kann. Sobald das Harz zu gelieren beginnt, ist es nicht mehr zu benutzen. Alle Arbeitsgeräte müssen rechtzeitig mit einem geeigneten Lösungsmittel gut gereinigt werden. Dafür kann die Beschichtung auch im Freien vorgenommen werden, jedoch nur bei trockenem, warmem Wetter. Zum Schluß versiegelt man die Glasfaserschichten entweder mit Polyesterlack oder auch mit DD-Lack. Bei einer Beschichtung mit zwei Laminaten erhält man eine ca. 2 mm dünne Oberfläche.
Die Materialkosten sind gering. Sie sinken bei größeren Flächen, da hierin bereits Plüschroller, Breitpinsel, Arbeitshandschuhe, Anrührbecher usw. enthalten sind, die man ja nur einmal anschaffen muß.
Gefährlich: Der direkte Kontakt von Harzen mit der Haut muß vermieden werden. Gelangt ein Spritzer Härter in das Auge, muß man es mit Wasser ausspülen und dann den Arzt aufsuchen. Mischt man Härter und Beschleuniger direkt, besteht die Gefahr der Selbstentzündung!

Die Plombe im Holzboot

Glasharz macht es möglich, bei begrenzten Stellen von Fäulnis in einer Holzplanke den Schaden örtlich zu beseitigen, ohne daß man einen ganzen Plankengang auswechseln muß. Man plombiert hierzu den entsprechenden Plankengang mit Glasharz und arbeitet ähnlich wie ein Zahnarzt: Mit Stecheisen, Fräse oder anderen Geräten wird die Fäulnisstelle sauber ausgekratzt (Abb. 98 A). Dann füllt man den Hohlraum mit Harz (B), längere und tiefere Hohlräume mit kleinen Glasmatten- oder Glasgewebeflicken bzw. ausgezupften Teilen daraus und schleift sie

Abb. 95 Die Stoßkanten zwischen den beiden Glasseidenbahnen kann man etwas ausfransen, damit hier keine Nähte sichtbar bleiben. Die überlappende zweite Schicht wird später abgeschliffen.

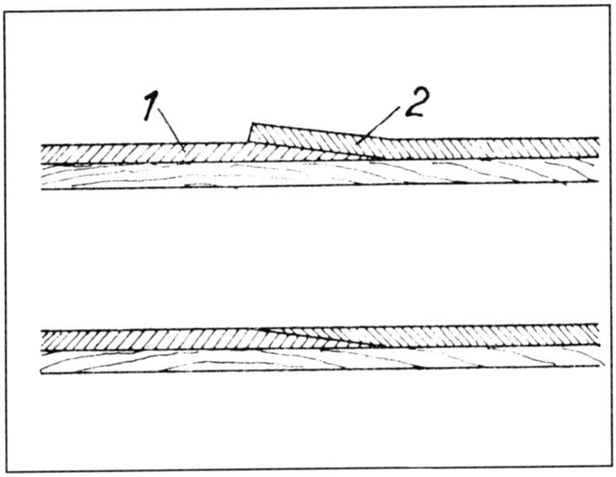

Abb. 96 Am Kiel ist es vorteilhaft, wenn man die Glasmatten jeder Schicht (1 und 2) überlappen läßt.

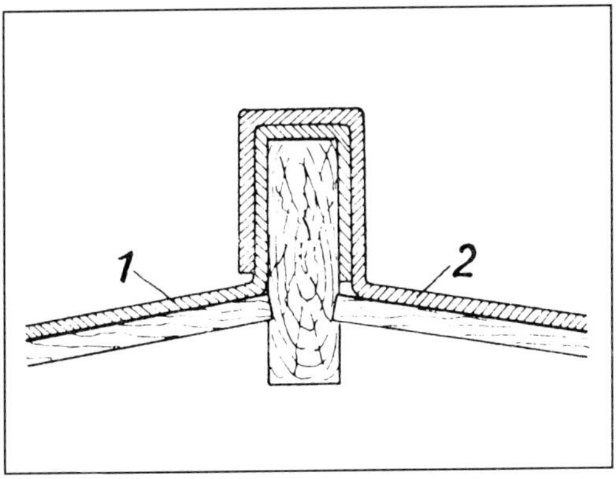

Abb. 97 Jede Lage Glasseide oder Glasmatte muß über die Kante von Spiegel oder Deck reichen und hier eingeschnitten, festgeklebt und anschließend geschliffen werden.

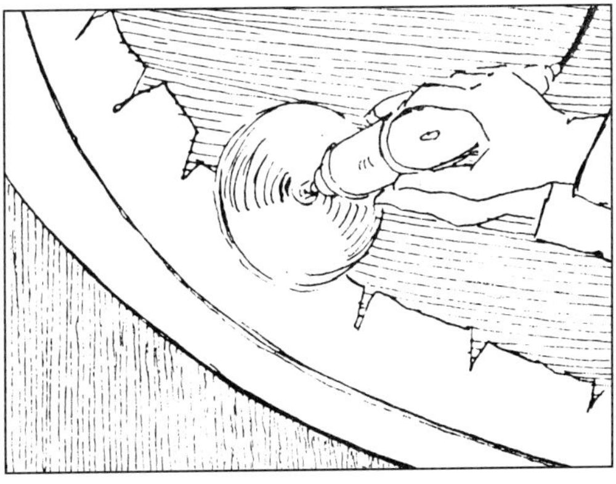

nach dem Härten so weit ab, daß noch eine millimetertiefe Aushöhlung bleibt.
Auf diese legt man ein Furnierblatt der gleichen Holzart (C) und schneidet die Ränder nahtlos ab. Wenn man auf die richtige Maserung achtet, fällt der Flicken kaum auf, oder er sieht wie ein Holzpfropfen aus.
Mit Klebeband bepflastert man dann diese Wunde (D), bis das Glasharz durchgehärtet ist und die deckende Furnierschicht sicher hält.
Auch Windrisse in Rundhölzern (Masten und Bäume) oder Brüche (in Riemen, Bootshaken oder ähnlichem) lassen sich durch Beschichten mit Glasseide und Harz reparieren.

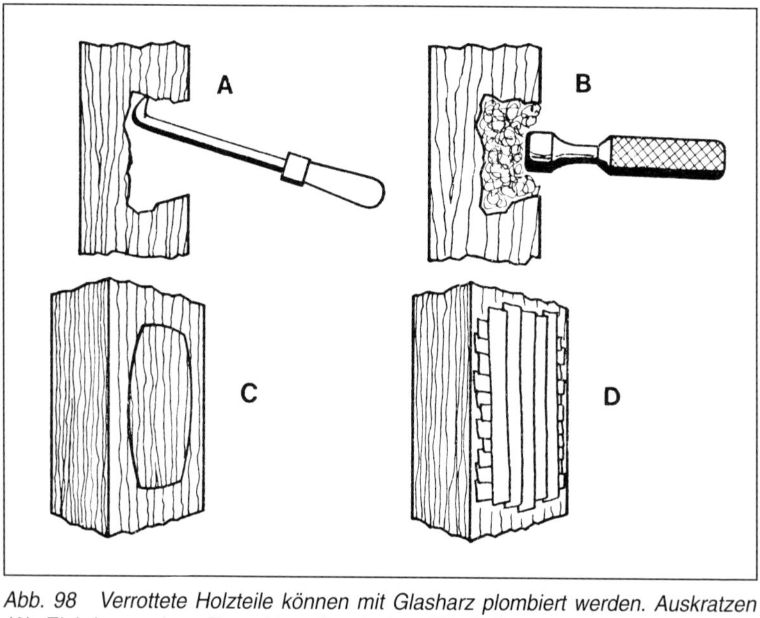

Abb. 98 Verrottete Holzteile können mit Glasharz plombiert werden. Auskratzen (A), Einbringen eines Faser-Harz-Gemisches (B), Auflegen eines zugeschnittenen Furniers (C) und Bekleben der Wunde (D), bis die deckende Furnierschicht hält.

Wieder entfernt man zuerst mit dem Stecheisen Schmutz und Fäulnis und treibt dann mit dem Kalfatereisen (ein breiter Schraubendreher tut es auch) und einem (Holz-)Hammer (Abb. 99) einige Glasseidenstränge in die Ausnehmungen, über die man eine leichte Schicht Harz gießt oder tupft. Ist die klaffende Wunde im Holz gedichtet, legt man (wie einen Verband) eine ca. 15 cm breite Glasseidenbandage um das Rundholz (Abb. 100), deren Bahnen einander um die halbe Breite überlappen. Die Unterseite der Bandage bzw. die Oberfläche des Holzes mit dem anliegenden Glasseidenband bestreicht man satt mit Harz.
In gleicher Form kann man auch Brüche bandagieren, so daß oft sogar ein Rundholz von größerer Festigkeit entsteht, wenn der Bruch über eine größere Länge reicht. Logisch, daß man natürlich auch ein unverletztes Rundholz in dieser Form beschichten und bandagieren kann, wenn man feststellt, daß seine Festigkeit für den vorgesehenen Verwendungszweck nicht ausreicht.
Selbstverständlich kann man nicht nur Boote mit glatter Außenhaut (karweelgeplankt) beschichten, sondern auch geklinkerte Boote. Die unebene Holzoberfläche erhält zuerst eine satte Harzglasur, ehe man die Matten und Gewebe auflegt. Im Gegensatz zum Bau von Kunststoffbooten, bei denen man breite Lagen von Matten und Geweben verwendet, benutzt man bei der Beschichtung (insbesondere von Klinkerbooten) schmale Rollen (Abb. 101), die überlappend einmal in Längs- und einmal in Querrichtung aufgerollt und einlaminiert werden. Hier sollen ja nur zwei Beschichtungen sowohl für neue und größere Festigkeit als auch für Wasserdichtigkeit sorgen.
Wenn man zwischendurch zum Harzpinsel greift, kann man zuerst dem Verlauf der Gewebe- oder Mattenrollen folgen und in Längs- oder Querschiffsrichtung das Laminat mit Harz sättigen. Die letzte Feinschicht jedoch trägt man von oben nach unten auf, das heißt, man streicht in Richtung der Schwerkraft, damit man eine Tropfenbildung schon im Ansatz verhindert.

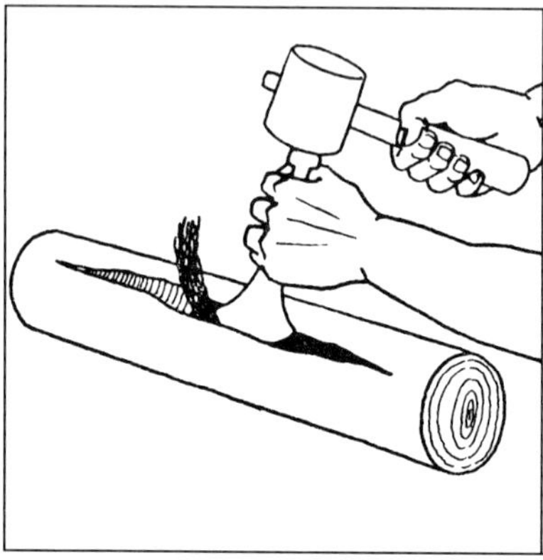

Abb. 99 Reparatur von hölzernen Spieren: Kalfatern mit Glasfasern.

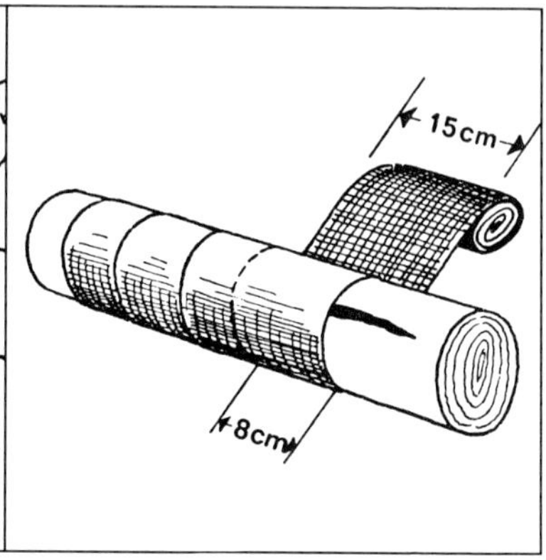

Abb. 100 Bandagieren des kalfaterten Bereiches mit Glasgewebe.

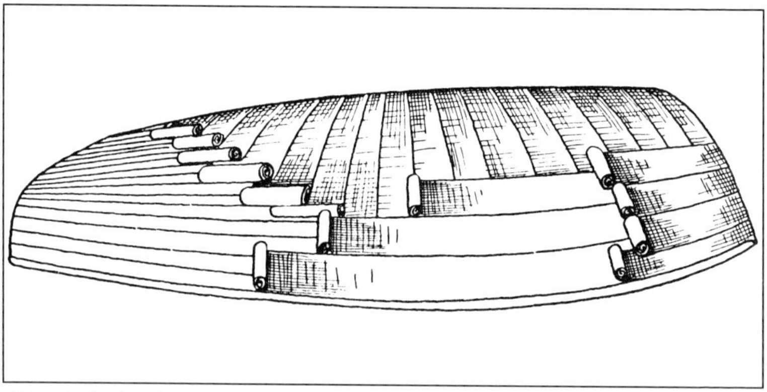

Abb. 101 Rauhe und unebene Oberflächen werden in schmalen Bahnen beschichtet, die einander gut überlappen.

Arbeit mit flüssigen Schaumstoffen

Wer seine Scheu vor chemischen Reaktionen überwunden hat, beginnt die Kunststoff-Verarbeitung an Bord am besten mit Polyurethan-Schaumstoff, der sich vielfach verwenden läßt.
Mit Hilfe von zwei flüssigen Komponenten A und B stellt man sich den Schaumstoff selbst her, indem man beide Teile innig miteinander mischt. Schon wenige Sekunden nach dem Zusammenrühren entsteht ein schaumförmiges Gemisch, das sich – wie von Geisterhand bewegt – auf das Vierzigfache seines Ausgangsvolumens aufbläht und innerhalb weniger Minuten erstarrt. Der fertige Hartschaum besteht zu über 95 % aus Luft, die in einer unendlichen Zahl von geschlossenen Zellen eingekapselt ist. Er kann daher auch bei langer Lagerung im Wassr nur geringste Feuchtigkeitsmengen aufnehmen, sorgt für sehr großen Auftrieb und ist unempfindlich gegen Seewasser sowie beständig gegen Styrol und Polyester, so daß er auch mit Glasharz beschichtet werden kann (siehe Kapitel „Beschichten mit Glasharz").

Schaumstoff – zur Bootspflege

Früher mußte man mühsam alle unzugänglichen Ecken und Winkel an Bord nicht nur im Sommer ständig sauberhalten, sondern vor allem bei der Einwinterung mühselig reinigen. Diese Arbeit entfällt heute: Man schäumt einfach die lästigen Ecken aus, nachdem man den Untergrund gereinigt und – gegebenenfalls für die bessere Haftung – aufgerauht hat. Flüssiger Hartschaum haftet gut an allen Werkstoffen, wie Holz, Stahl, Aluminium, Kunststoff usw.

...zur Sicherheit

Mit dem Ausschäumen dieser Ecken und Winkel schlägt man zwei Fliegen mit einer Klappe: Die ungenutzten Hohlräume werden in Auftriebskörper verwandelt, von denen man an Bord nie genug haben kann. Hierdurch ist es leicht möglich, auch Boote mit Motoren oder anderen schweren Einbauteilen unsinkbar zu machen bzw. die Sicherheit durch zusätzliche Auftriebskörper bei weiteren Einbauten oder der Mitnahme von zusätzlichen Materialien zu erhöhen.

Hohlräume sind nur bedingt als Auftriebskörper zu empfehlen, da sie bei einem Unfall beschädigt werden können. Man fülle daher bei Gelegenheit auch sie mit Schaumstoff aus. Beim Ausschäumen geschlossener Hohlräume achte man jedoch darauf, daß beim Aufsteigen des Schaumes die Luft schnell entweichen kann: nicht nur durch die Einfüll- oder Prüföffnung, sondern durch zahlreiche Luftlöcher, die man vor dem Ausschäumen einbohrt. Ihr Durchmesser soll maximal 2 mm betragen, damit kein Schaum mit austreten kann.

...zur Wärme- und Schalldämpfung und zur Festigkeit

Zur Isolation (im Deck oder Kajütdeck) und zur Schalldämpfung (neben und über dem Motorraum) benutzt man Hartschaumplatten aus dem gleichen Material. Will man diese Dämmbereiche vergrößern oder bei Ein- oder Umbauten entstandene Kälte- oder Lärmbrücken beseitigen, kann man ebenfalls mit flüssigem Zweikomponentenschaum arbeiten.

Daneben eignet er sich zum Stabilisieren von Rumpfteilen, Decks- oder Einbauten, die sich als zu schwach erwiesen haben. Hier benutzt man den Schaumstoff als Innenlage unter dem Einbauteil, der mit Glasharz beschichtet wird. Ähnlich wie bei der Sandwich-Konstruktion entsteht dann ein Verband von der gewünschten hohen Druckfestigkeit.

...für Ausrüstungsteile

Mit Polyurethan-Schaumstoff kann man sich Ausrüstungsteile selbst machen, z. B. nach dem Körper geformte Sitzkissen, Auftriebskörper für das Beiboot, Schwimmringe, Bojen oder Fender. Oft genügt bereits eine hauchdünne Form (z. B. ein Autoschlauch oder ein Plastikbeutel), um die (verlorene) Form zu liefern. Doch kann man diese Materialien auch gleichzeitig als schützende Hülle belassen.
Die Bereitung des Hartschaumes ist einfach: Man ermittelt das genaue Mischungsverhältnis 1:1 durch exaktes Einwiegen. Auf der Waage stellt man zuerst das Gewicht der Komponente A ein und gibt dann dort (in Mischgefäßen aus Kunststoff oder Pappe) die Komponente B zu. Anschließend vermischt man beide Komponenten intensiv mit Rührstab, Rührgerät, Bohrmaschine mit Mischpropeller oder ähnlichem, nicht mehr als 900 U/min.
Achtung: Beim Arbeiten muß man Schutzhandschuhe und Schutzbrille tragen. Die Komponente B ist giftig, das Einatmen ihrer Dämpfe muß man vermeiden. Rückstände von B darf man nicht verbrennen, da hierbei giftige Gase entstehen. Verschüttete Komponente B wird am besten mit Sägemehl aufgenommen. Rückstände dieser Komponente dürfen nie in das Kanalisationssystem entleert werden, da dann das ganze Leitungssystem verstopfen kann.
Die Mischung erfolgt am besten bei Raumtemperaturen von 19 bis 23°C. Die Topfzeit (das heißt der Zeitraum, in dem man das flüssige Material verarbeiten muß) beträgt ca. 30 Sekunden; man darf daher nicht länger als 10 Sekunden mischen. 20 Sekunden hat man also nur Zeit, um das durchgemischte Material aus dem Rührgefäß in die auszuschäumenden Hohlräume zu füllen. Hier dauert das Aufschäumen ca. 3 Minuten. Der Schaum ist nach kurzer Zeit durchgehärtet.
Boote müssen beim Ausschäumen fest liegen und überall gut unterstützt sein, damit sie beim Quellen des Kunststoffs nicht deformiert oder sogar, was passiert ist, auseinandergerissen werden können. Es empfiehlt sich daher, in mehreren Etappen auszuschäumen.

Wird der Schaum nicht richtig durchgemischt, können grobe Löcher im Schaum entstehen, die mit einer normalen Zellstruktur nichts mehr zu tun haben. Auch kann der Schaum innerlich verbrennen, so daß er wesentlich mehr als 5 % Wasser (wie bei richtiger Verarbeitung) aufnimmt. Kommt schlecht aufgeschäumter Schaum mit Wasser in Berührung, wirkt er nicht wie ein Luftzellenpaket, sondern wie ein Schwamm, so daß er statt Sicherheit Gefahr bedeutet.

Wir verschönern unser Boot

Auch das beste Boot bleibt ein Serienboot, und wenn wir auch mit der Qualität des Baues zufrieden sind und uns der Entwurf in allen Einzelteilen gut gefällt, wollen wir vielleicht doch zu gegebener Zeit etwas Individualität in die Kajüte oder in das äußere Kleid hineinbringen.
Es kann jedoch auch vorkommen, daß uns die Struktur stört, die die Glasmatte notgedrungen an ihrer Oberfläche (an der Innenseite der Kajüte) hinterläßt. Vielleicht beklagt sich auch nur die Bordfrau, daß sie diese rauhe Innenhaut nicht ausreichend säubern kann.

Verbesserung von Glasharz-Oberflächen

Störende rauhe Stellen können einfach übergeschliffen werden. Man nimmt Schleifpapier mit einer Körnung 100, legt es um einen Korkklotz und glättet die rauhen Stellen. Staubkörnchen entfernt man, übrigbleibende kleine Glasfädchen erhalten eine Sonderbehandlung.
Größere Unebenheiten können mit Polyester-Spachtelmasse ausgeglichen werden. Man streicht diese auch in kleinen Mengen erhältliche Masse mit dem Spachtelmesser ein und schleift die Oberfläche naß. Wiederholt man diese Vorgänge, kann man auch im Inneren des Bootes an sichtbaren Stellen die Glätte der Außenhaut erreichen.
Größere Bereiche der Innenhaut erhalten (je nach Qualität des Untergrundes mit oder ohne Spachtelung) einen Überzug aus einem synthetischen Kunststoffvlies. Hierbei handelt es sich um eine besonders dünne Oberflächenmatte aus Stapelglasfaser mit einem Gewicht von 20 g/m^2. Sie läßt sich leicht tränken, ist jedoch mit einem schwer lösbaren Binder versehen, so daß man sie sorgfältig und vor allem faltenfrei auflegen muß.

Bei ebenen Flächen kann man mit großen Bahnbreiten arbeiten, doch benutzt man am besten nur Stücke von ca. 50 x 50 cm, damit man das Vlies faltenfrei auflegen kann. Bei Rundungen arbeitet man besser mit Streifen, die schmaler und wenig länger sind. Falten kann man nur glattziehen, nicht (wie dicke weiche Glasmatten) glattwalzen.
Für das Einlegen eines Vlieses benötigt man ca. 200 g Harz für 1 m^2 Oberfläche, so daß schon der Harz-Vlies-Anteil von 10:1 zeigt, welche große Festigkeit diese zusätzliche Schutzschicht über dem Glaslaminat hat.
Benutzt man für diese Qualitätsverbesserung der Glasharz-Oberfläche Vliese mit eingefärbten Versiegelungen oder Holzdekor, schlägt man praktisch zwei Fliegen mit einer Klappe: Qualitätsverbesserung und Verschönerung.

Imitierte Holzflächen

Mancher Eigner wünscht die Vorteile eines Kunststoffbootes mit dem liebgewordenen Ambiente eines Holzbootes zu verbinden. Hierfür können das Deck, die Querwände in der Kajüte oder Innenteile von Rumpf- und Deckschale mit dekorativ bedruckten Faservliesen beklebt werden. Über ein Dutzend verschiedene Holzdekore bieten sich hierzu besonders an.
Auch hier ist mit der Verschönerung eine Qualitätsverbesserung verbunden. Zum Laminieren des bedruckten Vlieses und für die abschließende obere Feinschicht verwendet man eine lichtstabilisierte Harztype ohne Füllstoffe.
Zuerst macht man die Fläche, die beschichtet werden soll, sauber und trocken. Dann trägt man einen satten Polyesteranstrich mit 2 % Härter und 0,7 % Beschleuniger mit einem Harzbedarf von 500 g/m^2 auf. Hierin wird dann der kleine Zuschnitt als Bahn oder Rechteckfläche mit einer Breite von 40 bis 50 cm blasen- und faltenfrei eingebettet.
Am besten läßt sich die Luft zwischen Harz und Oberflächenmatte wegdrücken, wenn man den Zuschnitt an der rechten oberen Ecke mit

der rechten und an der linken unteren Ecke mit der linken Hand erfaßt. Dann legt man die linke untere Ecke auf das Harz und rollt den trockenen Bogen langsam diagonal in die Harzschicht ein. Die restliche unbenetzte Fläche wird schräg nach rechts unten bzw. links oben mit dem Harz verbunden und hierbei gleichzeitig die Luft seitlich nach außen weggedrückt. Üben Sie dies vorher mit einem Briefbogen.
Im allgemeinen läßt das poröse synthetische Faservlies das Harz gut ein- und durchziehen, so daß schon durch diese Unterschicht ein guter Oberflächenglanz erzielt wird. Ist man mit der Oberflächenglätte und dem Oberflächenglanz nicht zufrieden, kann noch ein zusätzlicher Polyesteranstrich aufgetragen werden, am besten unmittelbar oder nach dem Angelieren des einlaminierten Vlieses.

Imitiertes rutschfestes Stabdeck

Schon etwas mehr Bastlermut und handwerkliche Erfahrung erfordert es, wenn man das optisch Angenehme mit dem seemännisch Nützlichen verbinden will: Das Deck erhält eine rutschfeste Glasharz-Oberfläche, dazu noch mit einem imitierten Stabdeck.
Wer sich die Mühe der Stabdeck-Imitation sparen will, kann die rutschfeste Oberfläche auch sinngemäß ohne diese zusätzlichen Arbeiten herstellen. Hierbei hat er die Wahl zwischen einer einfachen Holzdeck-Imitierung oder einfachen, kräftigen Farben, die dann entsprechend bestreut werden.
Ein imitiertes rutschfestes Stabdeck stellen wir so her: Zuerst erhält das saubere und staubfreie Deck einen Harzanstrich in jener Farbe, die man als imitierte Kalfatnähte zwischen den Planken haben möchte. Das wird üblicherweise Schwarz oder Weiß sein.
Dann nimmt man ein schmales, höchstens 5 mm breites Klebeband und drapiert hiermit sein Deck so, wie später das Stabdeck aussehen soll (Abb. 102): mit breiten oder schmalen Plankengängen, parallel zur Längsachse des Bootes oder in Kurven, die sich der äußeren Rundung des Decks anpassen, mit oder ohne eine Fischplanke in der Mitte des

Abb. 102 Ein rutschfestes imitiertes Holzdeck. Klebebänder schützen einen weißen oder schwarzen Untergrund und markieren die imitierten Nähte zwischen der rutschfesten Fläche.

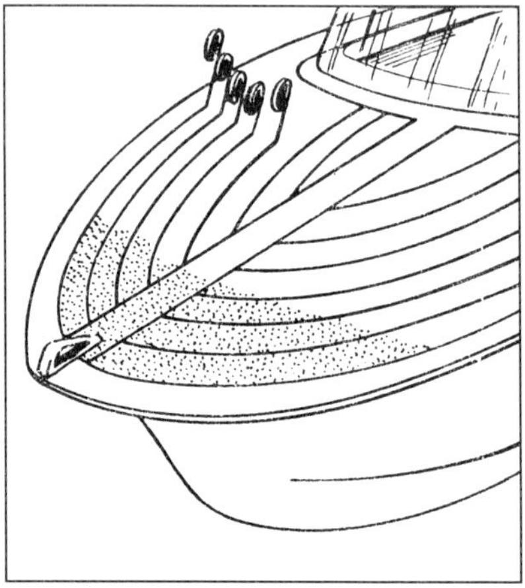

Decks. Besser ist es, wenn man vor der Arbeit mit dem Klebeband den Plankenaufbau mit Bleistift oder Kreide skizziert, damit man das Layout vor dem Abkleben noch verbessern oder verändern kann.

Ist das Deck richtig und überall fest verklebt, erhalten die Flächen zwischen den imitierten Nähten einen satten Harzanstrich aus Polyester oder Epoxid von der gleichen Farbe wie das rutschfeste Material, das man anschließend aufstreuen will. Auf die Klebeband-Nähte braucht man hierbei nicht zu achten; man kann sie ruhig mit überstreichen. Unmittelbar darauf streut man das trockene, nicht rutschende Material in diese Schicht hinein und berieselt zum Schluß sorgfältig die feuchte Oberfläche. Der feine oder grobe Staub soll ungefähr 3 mm dick aufliegen und entsprechend tief in die Harzschicht hineinreichen. Im Handel gibt es mehrere Sorten dieses nichtrutschenden Materials, z. B. Sand, feinen Holzstaub, Bimsstein-Staub, gemahlene Walnuß- oder Austernschalen und ähnliches. Die Sandflächen müssen farbgleich und nicht fleckig sowie von überall gleicher Dicke sein.

Sobald man das Trockenmaterial aufgebracht hat, zieht man das Klebeband langsam und sorgfältig ab – *bevor* das Harz zu gelieren beginnt.

Das ist wichtig! Wenn man länger wartet, bindet das Harz auch das Klebeband, und man wird nicht mehr in der Lage sein, es zu entfernen. Um das Trockenmaterial, das hierbei auf die sauberen und trockenen Säume zurückfällt, mache man sich keine Sorgen. Der Staub klebt nicht fest, und die Säume lassen sich anschließend sehr leicht säubern, wenn das Harz ausgehärtet ist.
Es empfiehlt sich, immer nur einen kleinen Teil des Decks in der beschriebenen Form zu bearbeiten und sich das Vordeck in drei bis vier Arbeitsgänge einzuteilen: Man kann sonst das Klebeband nicht schnell genug unter der gesandeten Harzschicht herausziehen, und man kann das auf die Säume zurückgefallene Trockenmaterial wieder zusammenfegen und bei der zweiten oder dritten Fläche noch einmal aufstreuen.

Osmose

Auf vielen Kunststoffbooten entstehen nach mehrjähriger Benutzung am Unterwasserschiff eine Reihe von Blasen, die bei erster, flüchtiger Prüfung offenbar nur die Farbschicht nach außen gedrückt haben. Öffnet man einzelne Blasen mit einer Messerspitze, so tritt eine braune oder grüngraue, faulig riechende Flüssigkeit aus. Läßt man sie auf Lackmuspapier tropfen, dann stellt man fest, daß sie einen niedrigen ph-Wert hat und sauer reagiert. Eines solchen chemischen Beweises für die GFK-Blasenpest bedarf es aber im allgemeinen nicht. Denn nahezu alle Serienboote aus glasfaserverstärktem Kunststoff werden spätestens nach acht bis zehn Jahren, einige bereits nach zwei Jahren Segelzeit hiervon befallen, und die Diagnose ist eindeutig.
Ursache der Blasenbildung ist die Osmose, der Durchtritt von Flüssigkeitsmolekülen durch halbdurchlässige (semipermeable) Wände in Richtung der stärker konzentrierten Lösung eines Stoffes. Die Wand, die in unserem Falle aus einer Gelcoat-Feinschicht und aus hartgewordenen Faser-Harz-Laminaten besteht (sie kann auch aus den Zellwänden lebender Organismen, Pergament oder gebranntem Ton sein), ist dabei nur für die Moleküle des Lösungsmittels (in unserem Falle: Wasser), nicht aber für die des gelösten Stoffes (mit winzigsten Harzkristallen) durchlässig.
Tatsächlich entstehen die Blasen auch nicht in der Farbschicht, sondern in bzw. unter der äußeren, den gesamten Bootsrumpf versiegelnden Gelcoat-Feinschicht. Sie sind Ausdruck einer interlaminaren osmotischen Quellung, bei der (See-)Wasser die Gelcoatschicht des Unterwasserschiffes molekular durchdringt und sich mit wasserlöslichen Kristallen in dem darunterliegenden, äußeren Laminat verbindet. So werden durch winzigste Haarrisse hindurch aufgrund des Konzentrationsgefälles beider Flüssigkeiten im Laufe der Zeit immer mehr Wassermoleküle nach innen gezogen, um die Konzentration zwischen innen und außen auszuglei-

chen. Bei dieser zunehmenden Volumenvergrößerung in einem relativ kleinen Bereich entsteht ein Druck bis zu 5,5 bar, der die äußere Laminatschicht mit dem Farbüberzug von innen hochdrückt und zu einer sichtbaren Blase am Unterwasserschiff führt.

Ursachen

Eine solche Blasenbildung ist immer ein Zeichen von Verarbeitungsfehlern während des Baus, qualitativ schlechter Materialien oder nicht optimaler Anwendungstechnik. Im einzelnen kann sie folgende Ursachen haben:

- Die Gelcoat-Feinschicht wurde schlecht verarbeitet. Es wurde beim Laminieren Luft in die Feinschicht oder unter sie eingerollt. Es wurden zu dünne Gelcoatschichten aufgetragen, oder sie sind nur mangelhaft vernetzt. Bei der Bootspflege hat der Eigner im Laufe der Jahre die Feinschicht teilweise abgeschliffen und sie ausgedünnt bzw. beschädigt.
- Die für die Feinschicht benutzten Harze waren nicht ausreichend gegen Hydrolyse beständig, das heißt, sie hielten der zeitweiligen oder dauernden Wasserbelastung im Unterwasserbereich nicht (mehr) stand. Erfahrungsgemäß tritt Osmose auf Polyesterbooten in kaltem oder salzhaltigem Seewasser weniger auf als in warmem See- und Brackwasser oder in Süßwasser.
- Für das erste Laminat unter der Gelcoat-Feinschicht wurden Glasmatten benutzt, deren Oberflächen nicht ausreichend für die hierbei besonders gute Harzanhaftung vorbereitet waren oder die einen zu hohen Bindeanteil hatten.
- Es wurden Glasmatten mit falschen Emulsionsbindern verwendet.
- Das Styrol im Polyesterharz wurde nach der Herstellung der Laminate ungenügend ausgelüftet.
- Die Blasenpest ist entstanden, weil die Eigner ihre GFK-Boote ohne Schutz durch richtige Grundierungen und Antifouling-Anstriche in das Wasser gebracht haben, um Zeit und Geld zu sparen, oder weil sie falschen Empfehlungen der Bootshersteller folgten.

● Auch die Verwendung von ätzenden Grundierungen, die zur Vorbehandlung von Aluminium und Stahl, aber nicht von GFK-Booten hergestellt werden, können zur Schädigung der Feinschicht geführt haben.

Auf alle diese Fehler (außer des Abschleifens bei der eigenen Bootspflege) hat der Bootseigner keinen Einfluß. Er muß jedoch nach Auftreten von Osmose eine umgehende Beseitigung vornehmen, damit sich die osmotische Quellung an den bekannten Stellen nicht verstärken und nicht noch an weiteren Stellen auftreten kann. Sie wird sonst schnell zu einer zunehmenden Auflösung der äußeren Laminate und damit zur Zerstörung der wichtigsten Teile des Bootsrumpfes führen.

Reparaturmöglichkeiten

Die notwendigen Reparaturarbeiten hängen von Art und Umfang der Blasenbildung ab. Vorher prüfe man also:

● Wo treten die Blasen auf? Kommen sie einzeln oder flächenverbreitet vor?

● Handelt es sich nur um kleine Blasen von 0,5 mm Durchmesser, oder haben sie bereits die Größe von 15 mm erreicht?

● Liegt die eingetretene Zerstörung nur oberflächig im Bereich der Gelcoatschicht, oder hat sie sich bereits bis zu anderen, tieferen Laminaten durchgesetzt?

Zur Schadensbeseitigung gibt es drei empfehlenswerte Möglichkeiten:

Einzelne Blasen

Bei einzelnen, kleinen bis mittelgroßen Blasen und ohne feststellbare tiefgreifende Zerstörung des Laminats öffnet man jede einzelne Beule mit einer Messerspitze und kratzt die umgebende Farbschicht vorsichtig ab. Anschließend wird die Schadstelle mit einem Dreikantschaber ausgeschält. Die entstandene Öffnung spült man mit Süßwasser gründlich aus.

So macht man einen Trockentest
Die Weiterverarbeitung darf erst nach vollständiger Trocknung erfolgen. Für ausreichende Trocknung gibt es folgende Prüfmethode: Man legt mehrere, bei Einzelöffnungen 10 x 10 cm, bei großflächiger Beschädigung 30 x 30 cm große Stücke glasklarer Plastikfolie auf den bearbeiteten Bereich und klebt sie an allen vier Kanten sorgfältig mit Tesafilm fest. Nach zwei Tagen überprüft man, ob die Innenseite der Folie noch trocken ist. Hat sich hier Feuchtigkeit gebildet, befindet sich noch Wasser im Laminat, und die Trocknung muß fortgesetzt werden.
Bei kleinen Schadflächen kann man das Austrocknen mit Hilfe eines Föns oder ähnlicher kleiner Heißluftgeräte beschleunigen. Bei größeren Schadflächen ist eine mehrmonatige Lufttrocknung notwendig, wenn nicht ebenfalls Heißluftgeräte mit etwa 60°C das Laminat erwärmen können und der Vorgang der Austrocknung gleichzeitig mit guter Belüftung verbunden werden kann.
Hat die Schadstelle den Trockentest bestanden, wird sie mit einer um 50 % verdünnten Grundierung ausgetupft, mit einem Zwei-Komponenten-Epoxid-Spachtel verschlossen und nach dem Aushärten übergeschliffen, ehe mit dem weiteren Anstrich-Aufbau begonnen werden kann.

Teilerkrankung des Unterwasserschiffs
Sind nur Teile des Unterwasserschiffs oder des Wasserpasses von nur mittelgroßen Blasen bedeckt, ist das Laminat also noch nicht oder nur geringfügig beschädigt, gibt es folgende Reparaturmöglichkeit:
Man öffnet die vorhandenen Blasen sorgfältig und schleift gleichzeitig die übrige Gelcoatschicht matt an. Dies geschieht mit der Hand, mit dem Rutscher oder (vorsichtig) mit der Schleifscheibe. Nach gründlichem Abwaschen der Oberfläche und Auswaschen der Löcher mit einer Hochdruckspritze und Süßwasser muß der Bootsrumpf unter günstigen atmosphärischen Voraussetzungen mindestens zwei Monate lang zur vollen Austrocknung gelagert werden. Der Einsatz eines Heißluftgebläses kann die Trockenzeit vermindern. Nur durch sorgfältiges Austrocknen ist sichergestellt, daß noch vorhandene Feuchtigkeitsreste im Laminat völlig verdunsten.

Der Trocknungsgrad wird nach der bereits geschilderten Prüfmethode kontrolliert. Ist völlige Trockenheit erreicht, schleift man die gesamte Fläche noch einmal über und entfernt den Schleifstaub. Dann folgt ein verdünnter Anstrich mit einer Zwei-Komponenten-Grundierung (50 %), der mit dem Pinsel aufgebracht wird. Er soll bewirken, daß alle aufgeschliffenen Blasen gefüllt und eventuell vorhandene Hohlräume ausgeglichen werden.
Eine zweite, ebenfalls mit 50 % Verdünnung angerührte Grundierung folgt nach Trocknung des Erstanstrichs etwa 3 Stunden später. Wenn dieser Anstrich angetrocknet, jedoch noch leicht klebrig ist, spachtelt man die Oberfläche mit einem Zwei-Komponenten-Epoxid-Spachtel. Diese Schicht wird nach Trocknung geschliffen, ehe mindestens 3 bis 6 Anstriche einer Grundierung mit einer Mindestschichtdicke von 300 Mikron (Ergiebigkeit: 750 ml/2 m^2) folgen. Nach einer Intervallzeit von ca. 5 Stunden können dann die entsprechenden Anstriche mit Antifouling aufgebracht werden.

Wenn das Laminat bereits beschädigt ist

Wenn sich viele große und kleine Blasen über das ganze Unterwasserschiff ausbreiten und das Laminat bereits beschädigt ist, muß die alte Gelcoat-Feinschicht vollkommen entfernt werden. Da eine Handarbeit mit Schleifpapier zu lange dauert, kommt nur maschinelles Abschleifen in Frage. Besser ist, die Gelcoatschicht (durch einen Fachmann) mittels Strahlen und geeignetem Strahlgut entfernen zu lassen. Auch ihre völlige Beseitigung mit Spachtel und einem Heißluftgebläse ist möglich (und von Klassifikationsgesellschaften anerkannt). Anschließend gründliches Abwaschen mit Frischwasser oder sorgfältige Reinigung mit Dampfstrahlreiniger oder Hochdruckwassergerät, um alle Spuren von Salzen und anderen Schadstoffen zu entfernen.
Die gründliche Trocknung wird bei einer Innentemperatur (der Lagerhalle) von 15 bis 20°C und einer relativen Luftfeuchtigkeit von 65 % mindestens 4 bis 6 Monate dauern. Durch Erwärmung der Flächen mittels Infrarotstrahlern bis maximal 60°C kann der Trockenvorgang bei niedri-

ger relativer Luftfeuchtigkeit von ca. 40 % auf etwa 2 Monate verkürzt werden. Die Anstricharbeiten können erst beginnen, wenn die vorgenannte Prüfmethode ausreichende Trocknung nachgewiesen hat.

Der Anstrichaufbau beginnt mit einer Versiegelung durch eine dünnflüssige Vorgrundierung, die gut in alle Vertiefungen eindringen kann, und zwar mit dem Pinsel, damit man richtig in das Laminat einarbeiten und freie Glasfasern befestigen kann. Im allgemeinen genügen zwei dieser Voranstriche, doch sollten poröse Laminate besser die doppelte Anzahl erhalten. Hier hat sich ein Zwei-Komponenten-Epoxid-Polyamid-Sealer zur Untergrundsättigung offener GFK-Laminate besonders bewährt. Auf den letzten angetrockneten, aber noch leicht klebrigen Anstrich folgt die Bearbeitung aller Löcher und Schadstellen mit einem Zwei-Komponenten-Epoxid-Spachtel. Ist er ausgehärtet, wird die gesamte Fläche des Unterwasserschiffs nochmals mit Zwei-Komponenten-Spachtel behandelt. Hierzu benutzt man einen sogenannten *Zahnspachtel* mit abgerundeten Zähnen, einer Zahnweite von ca. 3 mm und einer Zahntiefe von ca. 2 mm. Eine dritte Überspachtelung ist wünschenswert. Der Zahnspachtel hilft, eine gleichmäßig dicke Schicht zu erreichen, und erleichtert die nachfolgende Schleifarbeit. Um die einzelnen Spachtelschichten besser erkennen zu können, tönt man die Spachtelmasse mit einigen Tropfen Farbe unterschiedlich ab.

Nach jeweiliger Trocknung und Zwischenschliff sowie dem gründlichen Entfernen von Schleifstaub trägt man anschließend etwa 5 Schichten einer hellen Zwei-Komponenten-Grundierung mit Pinsel oder Rolle auf. Kann man mit der Spritzfolie (für dickflüssige Farben) die Grundierung unverdünnt aufbringen, genügen 2 bis 3 Schichten. Das Anstrich-Intervall zwischen den einzelnen Farbschichten sollte mindestens 24 Stunden, aber auch nicht mehr betragen, damit einerseits alle eingeschlossenen Lösungsmittel verdunsten können, andererseits ein Zwischenschliff nicht erforderlich ist.

Eine bessere Verstreichbarkeit erreicht man, wenn man die Grundierung im Wasserbad auf max. 30 bis 40°C erwärmt. Man muß sie dann jedoch entsprechend schneller verarbeiten, weil sich die Topfzeit in gleicher Weise verkürzt hat. Die gesamte Trockenschichtdicke der Grundierung

sollte mindestens 325 Mikron = 0,325 mm betragen. Man erreicht sie, wenn man eine 750-ml-Dose pro 2 m^2 Fläche rechnet.
Um eine gute Haftung der folgenden Antifouling-Anstriche zu gewährleisten, muß die erste Antifouling-Schutzschicht aufgebracht werden, solange die letzte Schicht der Grundierung noch leicht klebrig ist, das heißt innerhalb von etwa 5 Stunden. Der zweite Antifouling-Anstrich und alle weiteren Farbschichten können dann unabhängig von Zeitabständen folgen.
Nach dieser empfohlenen Reparaturmethode sind bereits einige hundert GFK-Boote mit gutem Erfolg repariert worden, und ihre Besitzer konnten – allerdings unter Einsatz von viel Zeit und Geld – den Wert ihres Bootes erhalten. Sinnvoller aber ist es, das Unterwasserschiff von Anfang an durch die richtige Grundierung und einen qualitativ guten Antifouling-Anstrich gegen solche Zerstörungen zu schützen.

Neue Erfahrungen

Je älter ein Boot wird, desto mehr machen sich Alterungserscheinungen durch Risse, Kratzer, Delaminierungen, Abstumpfung der Farben, rauhe Oberflächen und andere Eindrücke bemerkbar. Da Kunststoffboote andererseits sehr langlebig sind und oft mehrfach der Eigner wechselt, treten solche Alterungserscheinungen häufiger und immer von neuem auf.

Je länger ein Boot benutzt wird, desto deutlicher sieht man Spuren einer Dauerbelastung auch an bestimmten Stellen: zum Beispiel an Bug und Außenhaut, die bei Anlegemanövern besonders belastet sind, an den Bootsseiten, wo die Fender immer am gleichen Platz hängen, in den Bereichen von Klampen und Decksbeschlägen, die durch Schoten und Festmacher immer in gleicher Richtung belastet sind. Oder an den Kanten der Kielflosse, die gelegentlich mit dem Meeresgrund oder Treibgut Bekanntschaft machen mußte. Hier sind nicht nur Schönheitsreparaturen auszuführen, sondern Materialien zu ersetzen, Unterbauten zu verstärken oder Konturen weitflächig nachzugestalten.

Man ist jedoch bestrebt, eine entdeckte Beschädigung möglichst umgehend zu beseitigen, ehe sie größer wird oder mehr Schaden anrichten kann. Für solche sofortigen Kleinstreparaturen hat die Industrie nicht nur entsprechende, praktische Gebinde mit den notwendigen geringen Mengen der Materialien geschaffen, es gibt auch zunehmend mehr Fachgeschäfte.

Für die speziellen Erfordernisse der Reparaturen wurden auch neue Materialien entwickelt, die zum Beispiel die gewünschten Bedingungen einer größeren Festigkeit für das beschädigte Bauteil oder die leichtere Verarbeitung in der Hand des Amateur-Handwerkers besser erfüllen. Die ergänzenden Tips und Erfahrungen habe ich hier in loser Folge zusammengestellt.

Die Wahl der Aushärtungszeit

Das Grundmaterial für alle Reparaturarbeiten ist das Epoxidharz, das entweder allein als Kleber zwischen anderen Werkstoffen wie GFK-Schichten, Metallteilen oder Hartschaumstoffen eingesetzt oder auch durch Zusatz von Fasern, Pulvern, Quarzmehl und anderen Füllstoffen zur Herstellung eines eigenständigen Werkstückes benutzt wird, das man anschließend bearbeitet. Man kann praktisch jeden Werkstoff durch Verkleben nicht nur leichter, einfacher und preisgünstiger mit einem anderen verbinden, diese modernen Verbindungen halten auch erheblich fester als Schrauben oder Nieten, weil sie die auftretenden Druck- oder Zugkräfte über eine sehr viel größere Grundfläche verteilen.
Hierbei verarbeitet man praktisch ein Gemisch aus den beiden Komponenten Harz, auch Binder genannt, und Härter, und hat dabei folgende Möglichkeit, die gewünschte Verarbeitungszeit oder Topfzeit den entsprechenden Arbeitsbedingungen anzupassen (bitte beachten Sie bei den folgenden Tips, daß bei der Verarbeitung von Epoxidharz die Dosierung von 5 Teilen Harz zu 1 Teil Härter unbedingt eingehalten werden muß):

„Schnelle“ und „langsame“ Härter
Generell kann man zwischen einem „schnellen“ und einem „langsamen“ Härter wählen. Bekanntlich erfolgt nach dem Vermischen von Harz und Härter eine chemische (exotherme) Reaktion, bei der Wärme erzeugt wird. Ein schneller Härter ist hochreaktiv, das heißt, er erzeugt mehr Hitze, härtet das Harz schneller aus und hat daher eine kürzere Topfzeit, die bei einer Lufttemperatur von 20°C nicht länger als 10 bis 15 Minuten beträgt. Man benutzt ihn daher, wenn man möglichst schnell eine große Festigkeit erreichen will.
Demgegenüber reagiert ein langsamer Härter mit weniger Wärmeentwicklung, so daß man die angerührte Mischung gut 30 Minuten lang bei der gleichen Lufttemperatur von 20°C verarbeiten kann. Man wird dem langsamen Härter bei der Bearbeitung von größeren Flächen und einer längeren Arbeitszeit den Vorzug geben.

Den „schnellen Härter" wird man auch bei Arbeiten unter kalten Wetterbedingungen bevorzugen, damit ein Laminat überhaupt aushärten kann, während sich die Mischung mit dem „langsamen Härter" besonders für Arbeiten im Sonnenschein oder bei Temperaturen über 20°C eignet. Beide Härtertypen lassen sich auch miteinander vermischen, wenn man aus Gründen der Weiterverarbeitung eine mittlere Härtungszeit anstrebt. Stellt man fest, daß die Zeit nicht ausreicht, um eine bestimmte Harz-Härter-Mischung zu verarbeiten, kann man die bei der Reaktion beider Teile entstehende Wärme ableiten, indem man die Mischung aus einem schmalen, hohen Rührtopf mit kleiner Oberfläche in eine weitflächige Schale (für den Fellroller) gießt. Dadurch läßt sich die Topfzeit um einige Minuten verlängern. Beläßt man hingegen die Mischung in einer Dose mit kleinem Querschnitt, verkürzt man die Topfzeit oder trägt der Tatsache Rechnung, daß sich die Lufttemperatur während der Verarbeitung unerwartet und beträchtlich abkühlte.
Will man mit einem schnellen Härter eine noch kürzere Topfzeit erreichen, kann man die Mischung vor dem Beginn der Arbeit durch einen Fön, einen Heizlüfter oder eine Lampe auf max. 25°C erwärmen. Andererseits kann man die Mischung mit einem langsamen Härter, die man zum Beispiel im Hochsommer oder in tropischen Gewässern mit möglichst langer Topfzeit verarbeiten will, vorher im Eiskasten auf ca. 15°C abkühlen, ehe man mit der Verarbeitung beginnt.

Ganz kurze Topfzeiten

Ganz kurze Topfzeiten erreicht man durch UHU-Produkte, die ebenfalls Zwei-Komponenten-Klebstoffe auf Epoxidharz-Basis sind und nicht nur schnelle, hochfeste Verbindungen gewährleisten, sondern auch zum Vergießen oder Verspachteln von Rissen oder Löchern in der GFK-Oberfläche dienen können. Sie haben darüber hinaus den Vorteil, daß sie in Tuben geliefert werden.
Zur Verarbeitung werden Binder und Härter in Pastenform im gleichen Verhältnis angemischt. Bei dem Produkt „schnellfest" aus dem UHU-plus-Sortiment beträgt die Topfzeit bis zu 5 Minuten, bei „sofortfest" nur bis zu 2 Minuten und bei „endfest 300" ca. 120 Minuten.

Das Mischungsverhältnis von Binder und Härter beträgt bei „sofortfest" und „schnellfest" 1:1, bei „endfest 300" ist es unterschiedlich, je nach gewünschtem Endprodukt.

Anfertigung von Spachtelmassen aus verschiedenen Füllstoffen

Füllstoffe müssen zu den Harzen passen. Bestimmte Anteile der Füller zu dem Harz-Härter-Gemisch ergeben die gewünschte Konsistenz, zum Beispiel als Creme oder Paste. Mit speziellen Füllstoffen kann man auch besonders leichte oder sehr preisgünstige Spachtelmassen herstellen.

● Durch den Zusatz von Quarzmehl, einem sehr feinkörnig gemahlenen Kieselstein, verdickt man nicht nur die Harzmischung, um Tränenbildung oder Abtropfen an senkrechten Oberflächen zu verhindern, man stellt mit diesem Silikat auch Spachtelmassen für das Auffüllen von Kehlen her und verbessert dabei gleichzeitig die Abriebfestigkeit des Harzes. Durch einen Zusatz von 5 % (50 g Quarzmehl auf 1 kg Mischung Harz-Härter) erhält man eine streichfähige Creme, durch Zusatz von 10 % (100 g Quarzmehl auf 1 kg Binder) eine stärker angedickte Paste.

● Einen preisgünstigen Spachtel als Fugenfüller stellt man mit kurzgeschnittenen Baumwollfasern her, die der Handel hierfür anbietet. Sie werden vor allem zum Auffüllen größerer Hohlräume eingesetzt. Mit einem Anteil von 10 bis 15 % (z. B. 120 g Fasern auf 1000 g Harzmischung) erhält man eine leicht angedickte, cremige Mischung, mit einem Anteil von 15 bis 20 % (z. B 170 g auf 1000 g) entsteht eine mehr puddingartige Paste, die auch an senkrechten Flächen stehen bleibt.

● Kostengünstig lassen sich auch winzige hohle Phenolharzkugeln mit hoher Druckfestigkeit als Füllstoffe für Spachtelmassen verwenden. Die so entstandene Spachtelmasse verbindet das geringe Gewicht mit ausreichender, aber eingeschränkter Festigkeit. Mit 25 % Hohlkugeln vermischt (250 g auf 1000 g Harzmischung), erhält man eine weiche

Creme, mit 40 % (400 g Kügelchen auf 1000 g Mischung) eine stärker angedickte Paste. Solche Mikrokügelchen gibt es auch in anderen Formen, um das spezifische Gewicht des Füllmaterials oder der Spachtelmasse noch weiter zu vermindern. Ihr Zusatz verringert sich bei einer Creme auf 10 bis 15 %, bei Pasten auf 20 %.

Harzzusätze in Pulverform

● Besonders beliebt ist schwarzes *Graphitpulver,* das man dem Epoxidharz nicht nur beimischt, um den Reibungswiderstand am Unterwasseranstrich einer Rennyacht oder einer Rennjolle zu verringern, sondern um die Abriebfestigkeit und Dauerhaftigkeit eines Anstrichs überhaupt zu vergrößern.
Natürlich muß man dann auf jenen Schutz verzichten, für den ein Antifouling-Anstrich gegen Bewuchs sorgt. Mischungen mit Graphitpulver im Verhältnis 10 % bis 30 % (z. B. 200 g Pulver auf 1000 g Harzmischung) verwendet man darüber hinaus für den letzten Überzug von Schwert und Ruder und als Vergußmasse für die Fugen eines Teakholz-Stabdecks, wo das Graphitpulver gleichzeitig das Epoxidharz vor unerwünschter starker Sonneneinstrahlung schützt.

● Einen Schutz vor ultravioletter Bestrahlung von Flächen des Bootsrumpfes, die keinen Farbüberzug besitzen, gewährt auch ein mit 5 bis 10 % der Harzmischung beigegebenes *Aluminiumpulver,* durch dessen Zugabe gleichzeitig eine härtere Oberfläche geschaffen wird.

● Wo in der Nähe des Motors oder im Bereich der Kombüse Brandgefahr besteht, kann man seiner Harzmischung auch ein *Aluminium-Hydroxid-Pulver* im Verhältnis 1:1 (500 g Pulver auf 500 g Harz) beigeben, um die Feuerbeständigkeit gefährdeter Flächen zu vergrößern. Der feuerhemmende Füllstoff wirkt bei der Brandbekämpfung selbstverlöschend, aber seine feuerfeste Wirkung schließt das Verbrennen des behandelten Bauteiles ohne Löschversuche nicht aus.

Verstärkung von hochbelasteten oder ermüdeten Bauteilen

Während man normale Bauteile durch Glasfaserstränge oder -streifen verstärken kann, die der Handel in Breiten ab 1 Zoll (25 mm) liefert, schützt man Ruderblätter, Schwerter, Masten und Spinnakerbäume besser durch *Kohlenstoff-Fasern.* Sie haben das doppelte spezifische Gewicht wie Glasfaserstränge und vereinigen auf einer Ein-Zoll-Breite (25 mm) 20 000 bis 30 000 haarfeine Einzelfasern, die mit einem leichten Kleber im Bündel gehalten werden und meistens einen dünnen Papierrücken haben, wenn sie als Meterware von der Rolle geliefert werden.
Praktisch kann man diese Faserbänder dicht an dicht auf das betreffende Bauteil laminieren, so daß man für die Seite eines Jollen-Ruderblattes etwa 10 Bänder, für die Seite eines Schwertes mindestens 30 und für Masten und Spieren je nach Umfang 10 bis 15 Bänder benötigt. Es lassen sich auch mehrere Bänder übereinanderlaminieren, doch sollten sie dann zu den Kanten hin abgestuft auslaufen. Außerdem sollte dann jeder Strang verjüngt werden.

Nach Entfetten und Reinigen, Schleifen und Spachteln unebener Oberflächen bringt man das (gegebenfalls mit Füllstoffen für die bessere Haftung an senkrechten Oberflächen leicht angedickte) Harzgemisch möglichst dick auf und legt dann die Faserstränge wie bei einer üblichen Naß-in-naß-Arbeit in die Harzschicht ein. Hat man einen Helfer, kann man beim Verstärken eines Mastes, bei dem man große Faserlängen verarbeiten muß, die Rolle mit einem durchgesteckten Hammerstiel halten und das Verstärkungsmaterial nach und nach abrollen lassen, während man selbst den Faserstrang in die gewünschte Position legt und dort mit einem Pinsel unverrückbar andrückt. Damit das Harz rund um die Graphitfasern eher geliert, erwärmt man anschließend den Bereich um den Faserstrang mit Heizlüfter oder Fön.
Will man Aluminiummasten oder -spieren auf diese Weise verstärken, bestreicht man die blankgeschliffenen Metallflächen zuerst mit einem

zweiteiligen Aluminium-Ätzmittel. Dadurch verbessert man die Haftung von Epoxidharzmischungen.
Damit das gegen Sonneneinstrahlung empfindliche Epoxidharz nach dem Aushärten nicht schutzlos längerer UV-Bestrahlung ausgesetzt ist, empfiehlt sich nach diesen verstärkenden Beschichtungen ein Endanstrich mit Klarlack oder deckenden Zweikomponentenfarben.
Graphitfaserbündel sind nicht billig. Sie kosten etwa das Sechsfache eines in den Abmessungen vergleichbaren Glasfaserstrangs, aber dafür halten sie auch ein Vielfaches länger.

Dosieren und Mischen

Für die meisten Reparaturen an einem Kunststoffboot benötigt man nur geringe Metallmengen, die man den handelsüblichen größeren Gebinden entnehmen muß. Überschüsse, die weggeworfen werden müssen, sind unerwünscht. Daher lohnt sich die Anschaffung von *Minipumpen,* wie sie zum Beispiel im West-System angeboten werden, um Harz und Härter in handliche Wegwerf-Mixbecher von etwa 500 ml Inhalt abzufüllen. Diese Minipumpen liefern mit jedem Hub einen kleinen oder größeren Tropfen Flüssigkeit, so daß man die Meßbecher bis zu den festgelegten Marken zuverlässig füllen und auch nachfüllen kann. Da man immer nur so viel Harz und Härter vermischen sollte, wie man bis kurz vor dem Ende der Topfzeit (wenn Geleebildung beginnt) verarbeiten kann, muß man die Minipumpen häufig benutzen.

Die Probleme der Kleinmengen-Verarbeitung haben auch neue Materialien und Gebinde zu lösen geholfen. Da gibt es einmal von der Firma Faller Epoxidharz mit Binder und Härter in zwei verschiedenfarbigen Dosen mit engem Schraubverschluß, zum anderen die bereits erwähnten Zwei-Komponenten-Klebstoffe auf Epoxidbasis von UHU (UHU plus „sofortfest“, „schnellfest“ und „endfest 300“). Binder und Härter werden in getrennten Tuben geliefert, „schnellfest“ und „endfest 300“ auch in Dosen.

Alle diese Produkte haben meines Erachtens den Vorteil, daß sie bereits jene Creme- oder Pasten-Konsistenz haben, die man bei der Verarbeitung von reinem Epoxidharz erst nach Anreicherung mit den entsprechenden Füllern erhält, und daß sie zur Verarbeitung im Verhältnis 1:1 vermischt werden können. Man vermeidet somit Dosierungsfehler, und es kommt beim Vermischen nicht auf jene Genauigkeit an, die man zur Dosierung von Härter im Verhältnis 1:5 zum reinen Epoxidharz beachten muß.
Die genannten Produkte zum Vergießen und Verspachteln von Rissen oder Löchern in GFK-Oberflächen, zum Befestigen losgearbeiteter alter oder zum Einbau neuer Beschläge durch Verkleben und Verschrauben oder zum Füllen von Fugen unterscheiden sich untereinander nur durch die unterschiedlich lange Topfzeit von wahlweise 2 Minuten bis zu einer Stunde und dementsprechend der Zeit, bis die Zwei-Komponenten-Mischung handfest oder vollständig ausgehärtet ist.

Reparatur von Sandwich-Bauteilen

Sandwich-Teile des Bootsrumpfes haben dünne, aus Massiv-GFK gefertigte Außenschichten, zwischen denen das einlaminierte Kernmaterial aus Hartschaum oder Balsaholz liegt. Im Laufe von mehreren Jahren können sich durch eingedrungenes Wasser insbesondere Außenschichten im Bereich des Decks oder der Außenhaut vom Kernmaterial ablösen. Ähnlich wie bei der Osmose an Bootsrümpfen in GFK-Massivbauweise treten hier Blasen nicht nur an einzelnen Stellen und äußerlich auf, sondern es kommt zu einer inneren Hohlraumbildung und damit Ablösung des Außenlaminates von dem Innenkern aus Hartschaum oder Balsaholz. Auch ein weiches Deck, das beim Begehen durchfedert, sorgt für eine solche Ablösung.
Ist die Deckschicht unbeschädigt, nimmt man einen Bohrer mit Bohranschlag und bohrt im Bereich der abgelösten oder weich gewordenen Stellen und seitlich mindestens 100 mm über den beschädigten Bereich hinaus etwa 10 mm tiefe Bohrlöcher von etwa 5 mm Durchmesser im

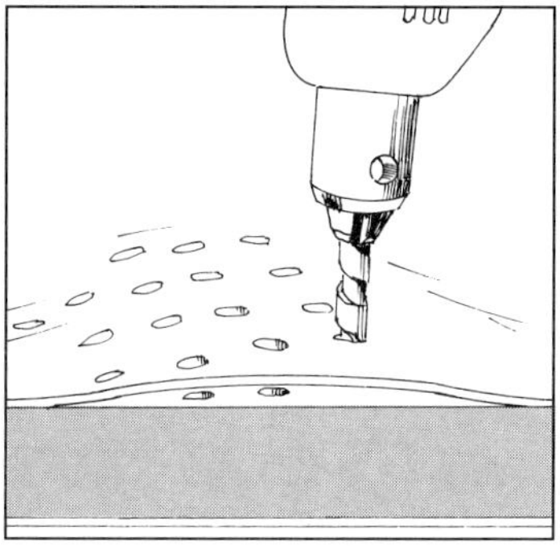

Abb. 103 Bei abgelöster Deckschicht eines Sandwich-Bauteiles zuerst ein Netz von Bohrlöchern geringer Tiefe herstellen.

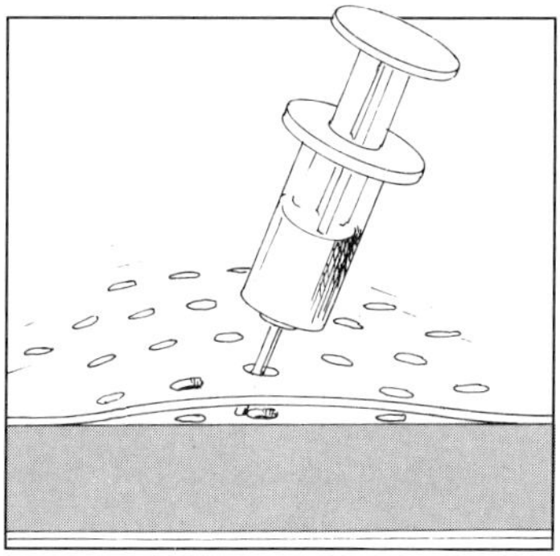

Abb. 104 Mit einer kleinen Druckkolbenspritze alle Bohrlöcher mit leicht angedicktem Epoxidharz füllen.

Abstand von etwa 30 mm voneinander in das Bauteil (Abb. 103). Mit Fön oder Wärmelampe trocknet man anschließend die gesamte Fläche aus oder saugt die Feuchtigkeit mit einem Staubsauger ab. Am besten überdeckt man den Arbeitsbereich eine Nacht lang mit einer Plastikfolie. Solange sich an ihrer Unterseite noch Feuchtigkeit niederschlägt, muß man die Trocknung wiederholen.

Anschließend mischt man eine cremige Spachtelmasse mit einem möglichst dichten Füller an und füllt sie mit einer kleinen Druckkolbenspritze, die der Fachhandel für 10 bzw. 50 ml Inhalt liefert, in die Bohrlöcher ein (Abb. 104). Solche kleinen, zweiteiligen Druckkolbenspritzen aus Kunststoff, die einfach zusammengesteckt werden, wenn sie gefüllt sind, und

sich nach der Benutzung mit Azeton gut reinigen lassen, sind sehr praktisch.
Man spritzt zuerst den mittleren Bereich satt ab, damit auch der Bereich unter der Deckschicht benetzt wird, und füllt dann den Außenbereich. Zum Schluß legt man bei einer planen Oberfläche ein Stück Sperrholz auf den reparierten Bereich und sorgt durch die Zugabe von etwas Gewicht für einen gleichmäßigen, aber nicht übermäßigen Anpreßdruck. Die herausquellende Harzmischung entferne man umgehend.
Nach etwa 24 Stunden erhält das Bohrfeld einen dünnen, deckenden Überzug, zuerst mit einem leichten Füller und dann mit einer neuen Gelcoatschicht.
Ist bei einem Sandwich-Laminat nur die äußere GFK-Schicht beschädigt, umreißt man sie weitflächig mit einem scharfen Teppichmesser und löst das ausgeschnittene Stück vorsichtig vom Kernmaterial. Anschließend säubert man die Oberfläche des Kerns, entfernt gegebenenfalls beschädigtes Restmaterial und trocknet die Reparaturstelle mit dem Fön. Dann rührt man eine cremeartige Spachtelmasse mit Quarzmehl als Füller an, gibt sie in die Füllspritze und drückt den Kleber unter den etwas angehobenen Randbereich (Abb. 105), den man zum Schluß mit einer alles überdeckenden Platte beschwert und härten läßt. Die Reparatur der

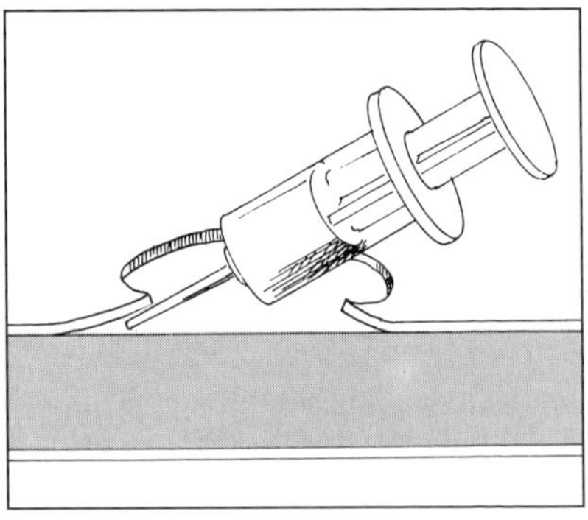

Abb. 105 Abgelöste Außenschichten eines Sandwich-Teiles mit Hilfe der Füllspritze wieder ankleben.

Abb. 106 Beschädigtes Kernmaterial in Form eines flachen Kraters entfernen und einen paßgerechten Pfropfen zum Einkleben schnitzen.

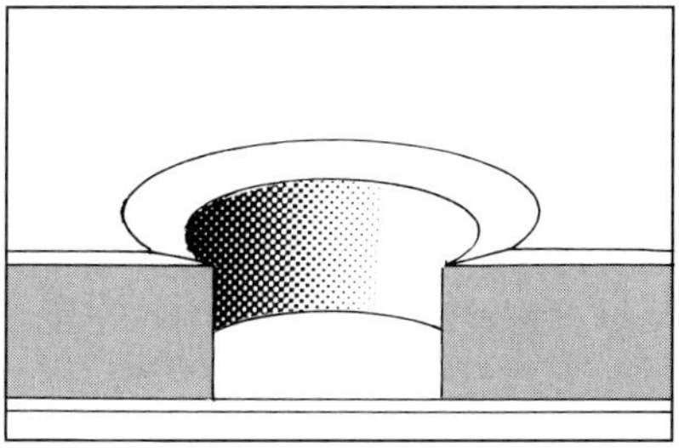

Außenschicht erfolgt zum Schluß wie bei einer üblichen Oberflächenreparatur der Außenhaut.

Ist das Kernmaterial selbst beschädigt, entfernt man es vollständig bis zum darunter liegenden Außenlaminat auf der Gegenseite (Abb. 106) und schäftet dann entlang der sauberen, senkrechten Schnittkante der Schadensstelle im Bereich der entfernten Deckschicht die Oberkante des Kernmaterials etwas an. Aus möglichst gleichem Kernmaterial schneidet man sich dann einen passenden Flicken, der genau in die Ausnehmung eingelegt, verklebt und zum Schluß naß in naß mit mehreren Laminaten bis zur Dicke der unbeschädigten Deckschicht aufgebaut wird.

Reparaturen an GFK- und Bleikielen

Nur noch wenige seriengefertigte Seekreuzer haben einen „gewachsenen" Kiel, der Bestandteil des Bootsrumpfes ist und in den das Unterwasserschiff von seiner Kielwurzel im Wasserlinienbereich flossenförmig bis zur Kielsohle ausläuft. Dieser Bootsbereich ist von innen zugänglich, im allgemeinen mit Blei in Barrenform und Vergußmasse gefüllt und im Bereich der Bilge durch mehrere Glasharzlagen sorgfältig versiegelt. Beschädigungen ereignen sich an seiner Vor- und Unterkante, wenn das Boot aufgebrummt ist oder eine Kollision mit Treibgut hatte.

Abb. 107 Bei Kielreparaturen zuerst die Reparaturstelle sorgfältig säubern.

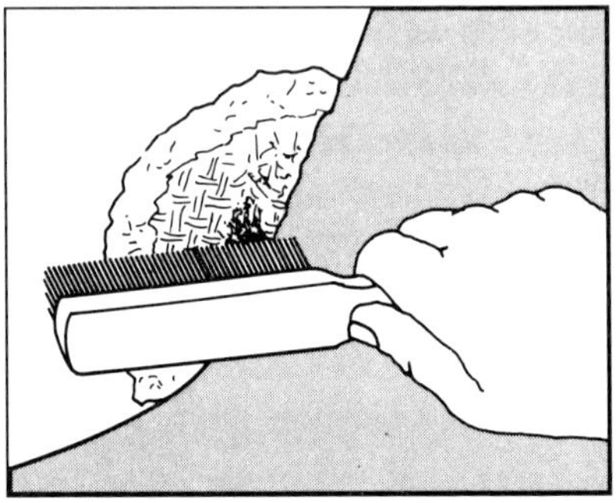

Abb. 108 Anschließend eine leicht angedickte Harz-Härter-Mischung dünn auftragen.

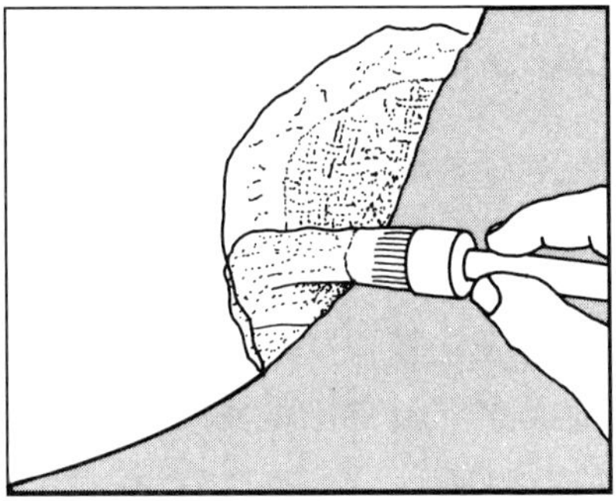

Abb. 109 Die Reparaturstelle nach dem Schleifen mit mehreren Gelcoat-Überzügen gut versiegeln.

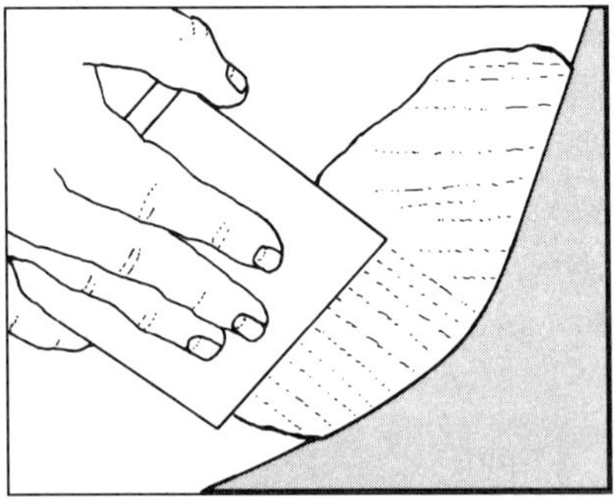

Da sich ein beschädigtes Laminat durch den großen Wasserdruck hier rascher mit Wasser vollsaugen kann als an anderen Stellen, ist schnelle Reparatur notwendig. Hat man entsprechendes UHU-Reparaturmaterial an Bord, kann man im nächsten Hafen an den Kran gehen, die beschädigte Stelle mit einem Fön sorgfältig trocknen und anschließend mit der Drahtbürste lose Kunststoffteile entfernen (Abb. 107).

Die gleichen Reparaturtips gelten auch für einen untergebolzten Bleikiel, bei dem sich nach den gleichen Vorfällen Vertiefungen, Ausbuchtungen und Risse zeigen werden. Hier wird man die Metallflächen nicht nur blankbürsten, sondern notfalls auch mit einigen Hammerschlägen das Blei wieder in seine ursprüngliche Form bringen müssen. Auf eine Arbeit mit der Feile wird man bei größeren Schäden ebenfalls nicht verzichten können.

Die Oberfläche der Reparaturstelle wird anschließend angeschliffen und mit Nitro-Verdünnung gesäubert. Bei kleinen Beschädigungen kann man eine Mischung aus UHU plus „endfest 300", bei größeren Harz und Härter anmischen und dünn mit dem Pinsel auftragen (Abb. 108).

Nach etwa 5 Stunden füllt man die Schadensstelle mit cremiger Spachtelmasse, die bei größeren Löchern in mehreren Schritten aufgefüllt werden muß, da sonst die beim Aushärten mit zu viel Wärme entstehenden Luftblasen hier später eine örtlich begrenzte Osmose verursachen könnten. Nach einer Nacht wird die Reparaturstelle glattgeschliffen und erhält dann einen neuen Gelcoat-Überzug aus 2 bis 3 Anstrichen Epoxidharz (Abb. 109). Natürlich läßt sich eine solche Reparatur auch herkömmlich mit Harz, Härter und Spachtelmasse ausführen.

Befestigung gelockerter oder ausgerissener Beschläge

Wenn Klampen, Lippklampen, Relingsfüße, Poller und andere Decksbeschläge oft benutzt und dabei immer hohen Belastungen ausgesetzt sind, entstehen rundum im angrenzenden GFK-Bereich feine Risse, und die Beschläge selbst lockern sich in ihren Verbindungen zum Deck.
Auch hier sollte man unverzüglich reagieren und an den mechanisch stark beanspruchten Stellen die Schädigung der Laminate beseitigen. Es handelt sich keineswegs nur um Schönheitsreparaturen!
Bei ihnen sind die UHU-Produkte aus der Tube gute Helfer: Mit Messer, Stecheisen, Kratzer oder etwas angeschärftem Dosenöffner säubert man die Risse und vergrößert die Fuge dabei so tief, bis man durch die Gelcoat-Schicht hindurch auf das erste Laminat kommt (Abb. 110). Anschließend werden die Kanten der Fugen mit Naßschleifpapier V-förmig angeschliffen.
Ist der Schleifstaub mit dem Fön herausgepustet oder abgesaugt, reinigt man die Ritze mit Nitro-Verdünnung und begrenzt den Reparaturbereich mit Klebeband.
Auf der abgeklebten Unterlage wird UHU plus „endfest 300" angerührt und mit einem Fön so stark erhitzt, daß der verflüssigte Klebstoff in den Ritz hineinläuft und ihn ohne eingeschlossene Luftblasen ausfüllt (Abb. 111). Überschüssiges Harz mit Messer oder Klinge entfernen.
Nach dem Aushärten wird die Reparaturfläche mit Naßschleifpapier geglättet und zum Schluß mit Polyurethanlack 2- bis 3mal dünn übergestrichen.
Ist der Beschlag selbst losgeschlagen, muß man ihn abnehmen und die alten Bohrlöcher zuerst von Schmutz und altem Dichtungsmaterial befreien. Hierbei leistet ein Pfeifenreiniger gute Dienste (Abb. 112). Die Auflagefläche des Beschlages wird anschließend mit Klebeband abgegrenzt und die Kunststoffschicht angeschliffen.
Ist der Staub entfernt, entfettet man die Stelle mit einem weichen, in Nitro-Verdünnung getränkten Lappen und klebt dann die Gegenplatte an der Unterseite des GFK-Bauteils sofort fest an.

Werkzeuge und Materialien für die Befestigung gelockerter und ausgerissener Beschläge (siehe Abb. 110–114).

Abb. 110 Risse zuerst mit dem Kratzer säubern.

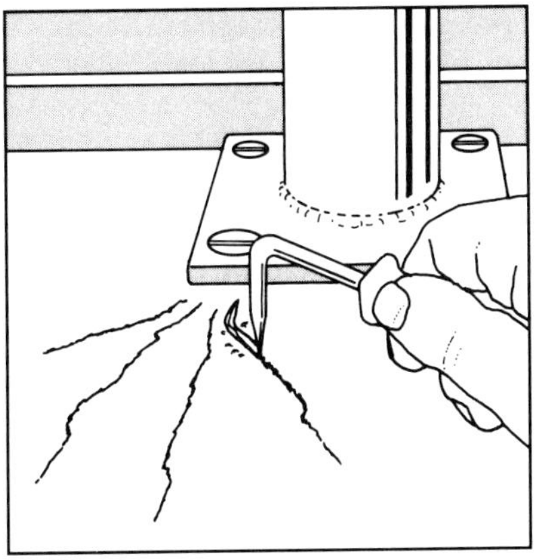

Abb. 111 Cremeartige Reparaturmaterialien kann man mit einem Fön verflüssigen.

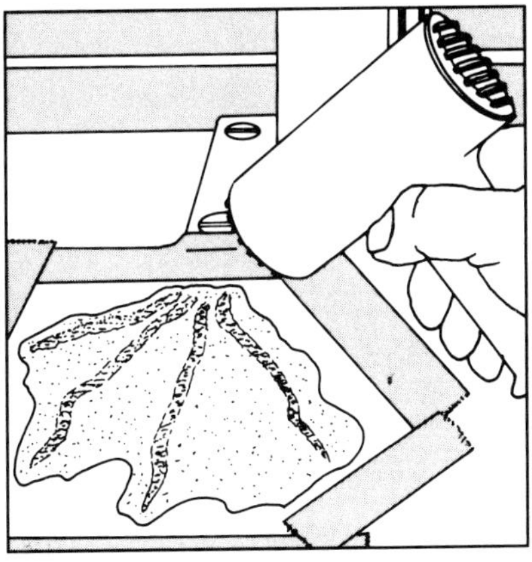

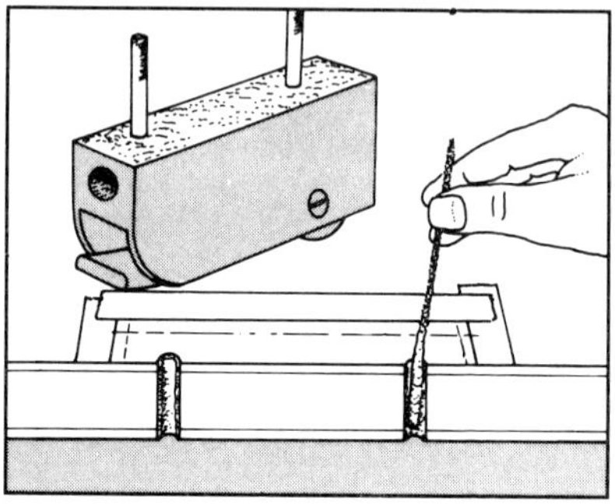

Abb. 112 Mit Pfeifenreinigern säubert man die vorhandenen Bohrlöcher.

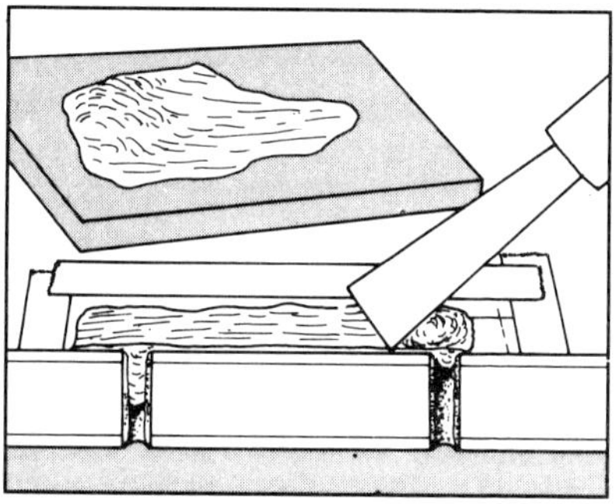

Abb. 113 Die Auflageflächen der Beschläge und die Bohrlöcher werden mit hochfester Spachtelmasse eingestrichen.

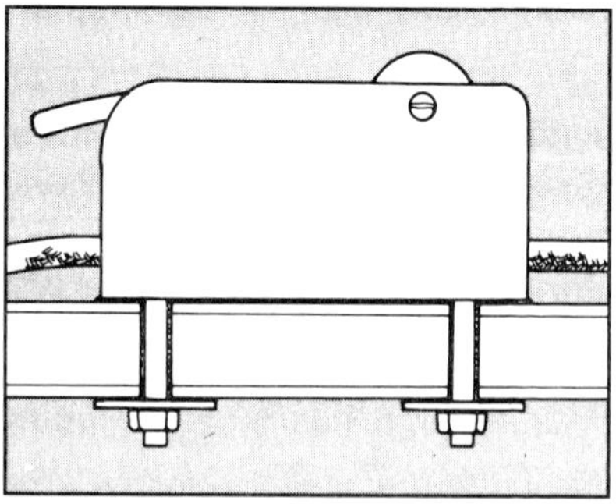

Abb. 114 Der in den alten, reparierten Bohrlöchern neu verankerte Beschlag.

Werkzeuge und Materialien für die Neubefestigung aufgeschraubter, aber nicht durchgebolzter Beschläge (siehe Abb. 115–116).

Abb. 115 Auch bei nicht durchgehenden Bohrlöchern säubert man am besten mit einem Pfeifenreiniger.

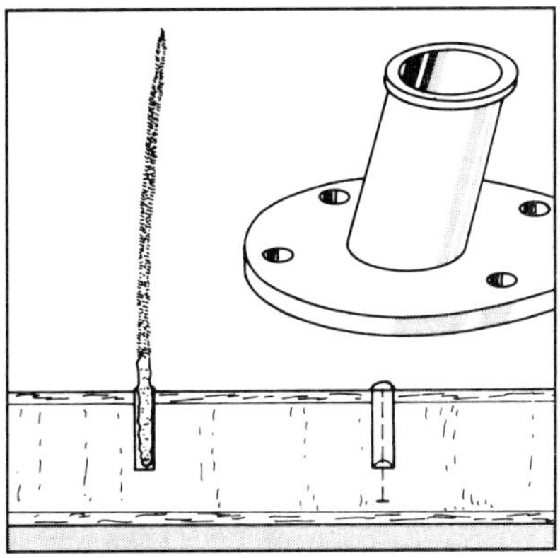

Abb. 116 Vor dem Eindrehen stippt man die Schraube in eine leicht angedickte Zweikomponenten-Mischung.

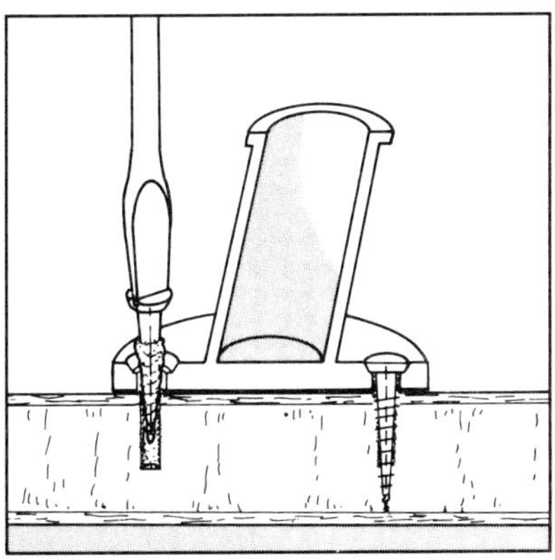

Abb. 117 Ausgeschlagene Bohrlöcher erhalten nach dem Abschrauben des Beschlages eine Epoxidharz-Füllung.

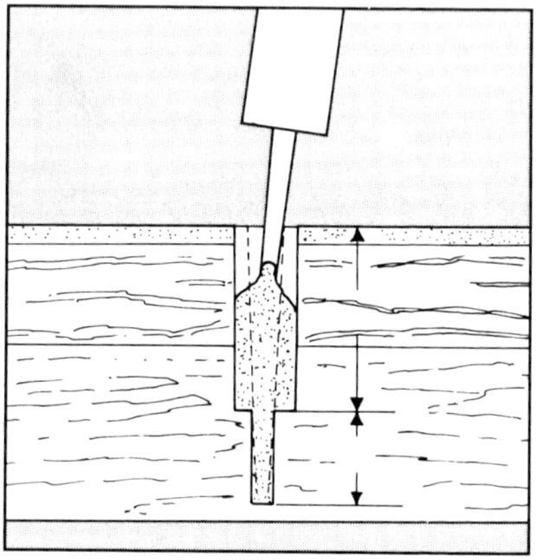

Abb. 118 Die Reparaturstelle wird gut abgeklebt und überquellendes Harz zum Schluß vorsichtig abgestrichen.

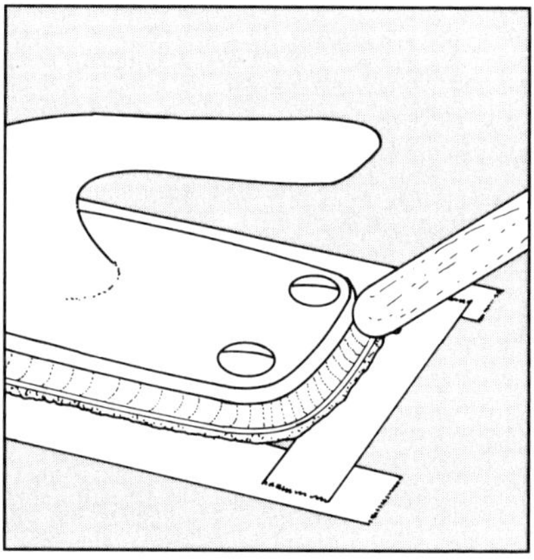

Anschließend vermischt man die beiden Bestandteile von UHU plus „endfest 300“ miteinander, streicht sie mit Hilfe des Pfeifenreinigers in die Bohrlöcher ein und bringt diese Mischung auch im abgeklebten Bereich der Auflagefläche sowie an der Unterseite des Beschlages selbst auf, um möglichst viele Unebenheiten auszugleichen.
Nach der Trocknung schleift man diese Flächen und rührt sich dann entweder mit UHU plus „endfest 300“ und Baumwollfasern oder mit einer Harz-Härter-Mischung und einem hochfesten Füller eine butterartige Spachtelmasse an, mit der man die Flächen einstreicht und die Bohrlöcher füllt (Abb. 113).
Zum Schluß bringt man den Beschlag wieder in seine alte Position, verschraubt ihn, ohne die Muttern übermäßig stark anzudrehen, und entfernt überschüssiges Material mit dem Spachtelmesser (Abb. 114). Wichtiger als die eigentliche Verklebung ist die gute mechanische Verankerung des Beschlages wie bei seinem ursprünglichen Anbau und somit die wiederhergestellte Verengung der ausgeschlagenen Bohrlöcher.
Wenn sich aufgeschraubte, aber nicht durchgebolzte Beschläge zu lockern beginnen, genügt es dementsprechend, sie umgehend abzuschrauben, in die Bohrlöcher UHU plus „endfest 300“ mit dem Pfeifenreiniger einzustreichen (Abb. 115), anschließend auch die Gewindegänge der Schraube mit dieser Zweikomponenten-Mischung zu bestreichen und sie wieder einzudrehen (Abb. 116). Die unbelastete Verbindung muß mindestens eine Nacht lang aushärten können.
In gleicher Weise lassen sich Bohrlöcher auch bei neuen Beschlägen, die man anbringen will, mit einer Harzmischung füllen, in die man die Schraube eindreht. Bohrt man das Loch größer als den Schraubendurchmesser, wirkt hier die Buchse aus Epoxidharz wie ein Dübel, mit dem man üblicherweise Schrauben im Mauerwerk befestigt. Dabei sollte die Länge der Bohrung etwa zwei Drittel der Schraubenlänge betragen (Abb. 117). Übergequollenes Harz wird mit dem Spachtel abgestrichen (Abb. 118).

Grundregeln für den Arbeitsschutz

- Polyester- und Epoxidharze, Härter, Beschleuniger, Lösungsmittel und andere Materialien sind Chemikalien, für deren Verarbeitung bestimmte Vorsichtsmaßregeln eingehalten werden müssen. Lesen Sie daher vor Arbeitsbeginn die entsprechenden Hinweise auf den Beipackzetteln sorgfältig durch.
- Benutzen Sie die Reparaturmaterialien aus Kunstharz möglichst nur im Freien oder in großen, gut belüfteten Räumen. Wollen Sie mit ihnen im Inneren des Bootes arbeiten, sorgen Sie vorher für eine gute Be- und Entlüftung.
- Tragen Sie bei der Arbeit Schutzhandschuhe, zum Beispiel preiswerte Wechselhandschuhe aus Latex, und vermeiden Sie jeden Hautkontakt mit Harz, Härter oder fertigen Mischungen. Unterbrechen Sie die Arbeit, wenn Hautausschlag auftritt, und verbessern Sie dann die Sicherheitsvorkehrungen, damit diese Beschwerden sich nicht wiederholen können.
- Besonders gefährliche Hautreizungen können Härter in ihrer konzentrierten Form verursachen. Ihre Gesundheitsgefahren vermindern sich, wenn sie mit dem Harz vermischt sind.
- Einen zusätzlichen Schutz für die Hände bewirkt eine Hautschutzcreme, die man nicht nur vor der Arbeit, sondern auch nach ihrer Beendigung und dem Reinigen der Hände aufbringen sollte.
- Benutzen Sie nur spezielle Hautreiniger oder warmes Wasser mit Seife, wenn Sie sich Ihre Hände dennoch mit Kunstharz verschmutzt haben. Verwenden Sie keine Lösungsmittel; Verdünner, Azeton oder ähnliches, um Epoxidharzreste von der Haut zu entfernen.
- Das Einatmen der aus den Lösungsmitteln aufsteigenden Dämpfe kann Sie in einen Rauschzustand versetzen. Verwenden Sie Lösungs-

mittel daher nicht in geschlossenen Räumen oder hoch auf einer Leiter, und suchen Sie sofort frische Luft auf, wenn Sie sich im Umgang mit Lösungsmitteln ermüdet oder benebelt fühlen.

● Tragen Sie beim Umgang mit Harzmischungen und Lösungsmitteln eine Schutzbrille. Ein Spritzer ins Auge muß mindestens 15 Minuten lang mit Wasser ausgespült werden. Die Konsultation eines Arztes ist empfehlenswert, falls Beschwerden nachbleiben.

● Tragen Sie beim Schleifen von GFK-Oberflächen eine Staubmaske. Besonders bei der Bearbeitung von Epoxidharz, das erst wenige Tage ausgehärtet ist, besteht erhöhte Vergiftungsgefahr.

● Wechseln Sie Ihre Arbeitskleidung, wenn Sie mit Kunstharzen in Berührung gekommen ist. Kleinere Harzspritzer lassen sich mit Hautreinigern auch von Textilien entfernen.

● Während der Verarbeitung entwickelt das mit Harz und Härter verrührte Gemisch Wärme, so daß insbesondere hohe Gebinde mit kleiner Oberfläche wegen Feuergefahr nicht neben Putzlappen und andere leicht entflammbare Materialien gestellt werden dürfen. Gebinde mit Resten, benutzte Fellroller oder Pinsel und anderes Arbeitsmaterial gebe man erst dann in Müll- oder Sondermülltonnen, wenn die nassen Materialien völlig ausgehärtet sind.

● Denken Sie bei der Arbeit an den Umweltschutz, und decken Sie den Erdboden, wenn Sie im Freien arbeiten, vorher mit Papier oder Plastikfolien ab, damit das Erdreich keinen Schaden nimmt. Denken Sie bei längeren Reparaturarbeiten, bei denen viel Schleifstaub oder große Wolken Lösungsmitteldämpfe freiwerden, auch an Ihre Nachbarn am Steg oder in der Halle, und führen Sie entsprechende Arbeiten im Freien nur bei Windstille oder einer ungefährlichen Windrichtung aus.

Die **YACHT-BÜCHEREI** ist die preiswerte Bibliothek für eingehendes Fachwissen auf vielerlei Spezialgebieten. Diese Bände sind lieferbar:

1 **Das kleine Sternenbuch** von W. Stein
8 **Wetterkunde** von W. Stein/H. Schultz
9 **Knoten, Spleißen, Takeln** von E. Sondheim
27 **Medizin an Bord** von Dr. K. Bandtlow
28 **Kleines Signalbuch** von E. O. Braasch
29 **Allgemeines Sprechfunkzeugnis** von H. Overschmidt/C. Johann
32 **Bootspflege selbst gemacht** von J. Schult
33 **Bootsreparaturen selbst gemacht** von J. Schult
39 **So arbeitet das Segel** von J. Schult
40 **Segeltechnik leicht gemacht** von J. Schult
41 **Richtig ankern** von J. Schult
50 **Spinnakersegeln** von B. Aarre
52 **Kleine Boote selbst gebaut** von H. Donat
54 **Die Wettsegelbestimmungen 1993–1996** von E. Twiname
55 **Bootsmotoren – Diesel u. Benzin** von H. Donat
57 **Seeschiffahrtsstraßen-Ordnung** von A. Bark
59 **Segler-Lexikon** (Doppelband) von J. Schult
60 **Hafenmanöver** von B. Schenk
62 **Radar auf Yachten** von Hans G. Strepp
66 **UKW-Sprechfunkzeugnis** von G. Hommer
67 **Kompaß-ABC** von A. Heine
68 **Wie baue ich meine Yacht?** von K. Reinke
70 **Chartern ohne Risiko** von J. Herrmann/U. v. Hintzenstern
72 **Notfälle an Bord – was tun?** von J. Schult (Doppelband)
74 **Psychologie an Bord** von M. Stadler
79 **Yachtelektronik** von J. F. Muhs
81 **Schiffe aus zweiter Hand** von H. Donat
84 **Yachtelektrik** von J. F. Muhs
86 **Das optimal getrimmte Rigg** von P. Schweer
88 **Astronomische Navigation** von W. Stein/W. Kumm
91 **Navigation leicht gemacht** von W. Stein/ W. Kumm
92 **Kollisionsverhütungsregeln** von A. Bark
93 **Wolken und Wetter** von D. Karnetzki
94 **Match Racing** von J. Halbe
95 **Wie beurteile ich eine Yacht** von J. F. Muhs
96 **Festkommen und abbringen, stranden und bergen** von J. Schult
97 **Luftdruck und Wetter** von D. Karnetzki
98 **Osmose-Behandlung** von T. Staton-Bevan
99 **Wetterkarten mit PC-Software** von D. Karnetzki
100 **Sturm – was tun?** von D. von Haeften
101 **Gezeitenkunde** von W. Kumm
102 **GPS Global Positioning System** von W. Kumm
103 **Segler-Wörterbuch** von J. Schult
104 **Außenbordmotoren** von K. Henderson
105 **Wetterregeln für Segler** von D. Karnetzki

Die Bibliothek wird laufend erweitert. Fragen Sie bitte Ihren Buchhändler, und beachten Sie unsere Ankündigungen.

Delius Klasing Verlag